JIBING
疾病诊治原色图谱

U0257288

兔病诊治

原色图谱

任克良◎编

机械工业出版社
CHINA MACHINE PRESS

本书由山西省农业科学院畜牧兽医研究所研究员、国家兔产业技术体系岗位科学家任克良编著，内容包括兔的细菌性传染病、病毒性传染病、真菌性传染病、其他传染病、寄生虫病、营养代谢病、中毒性疾病、产科病、遗传性疾病、肿瘤和普通病，共94种。这些疾病在我国多有发生，危害严重。本书对每一种疾病重点介绍了病原（或病因）、流行特点、临床症状、剖检病变、诊断要点、预防、治疗和诊治注意事项等，配有各种彩色照片400余幅。

本书适合广大养兔生产者、基层兽医工作者阅读，也可供畜牧兽医专业大专院校师生参考。

图书在版编目（CIP）数据

兔病诊治原色图谱/任克良编著. —北京：机械工业出版社，2017.4（2024.3 重印）
（疾病诊治原色图谱）
ISBN 978-7-111-56175-0

Ⅰ.①兔…　Ⅱ.①任…　Ⅲ.①兔病－诊疗－图谱
Ⅳ.①S858.291－64

中国版本图书馆 CIP 数据核字（2017）第 037072 号

机械工业出版社（北京市百万庄大街22号　邮政编码100037）
策划编辑：周晓伟　郎　峰　责任编辑：周晓伟　郎　峰　张　建
责任校对：王　延　　　　责任印制：李　飞
北京瑞禾彩色印刷有限公司印刷
2024 年 3 月第 1 版第 8 次印刷
148mm×210mm·6.625 印张·196 千字
标准书号：ISBN 978-7-111-56175-0
定价：39.80 元

前 言

我国目前是世界养兔大国，肉兔、皮兔（獭兔）、毛兔饲养量均居世界首位。随着兔业科技的发展和国内外消费者对兔产品需求量日益增大，我国养兔生产方式正在向快速规模化、集约化和标准化方向发展。但随之带来的问题之一是，家兔疾病的发生率有所上升，尤其是群发性疾病，同时还发生了一些少见的疾病和新病，给养兔生产者带来了严重的经济损失。兔病已成为制约我国家兔产业健康发展的一个重要因素。因此，必须提高广大兔业生产者和基层兽医人员对兔病诊治的知识水平与操作技能。

本书系统地介绍了兔的细菌性传染病、病毒性传染病、真菌性传染病、其他传染病、寄生虫病、营养代谢病、中毒性疾病、产科病、遗传性疾病、肿瘤和普通病，共 94 种。这些疾病在我国多有发生，危害严重。本书对每种病重点介绍了病原（或病因）、流行特点、临床症状、剖检病变、诊断要点、预防、治疗和诊治注意事项等。为了使读者在发病现场尽快做出正确诊断，并迅速采取有效防治措施，以达到控制疾病的目的，特选配了典型症状、病理变化等彩色照片 400 余幅。

需要特别说明的是，本书所用药物及其使用剂量仅供读者参考，不可照搬。在生产实际中，所用药物学名、常用名与实际商品名称有差异，药物浓度也有所不同，建议读者在使用每一种药物之前，参阅厂家提供的产品说明书以确认药物用量、用药方法、用药时间及禁忌等。购买兽药时，执业兽医有责任根据经验和对患病动物的了解决定用药量及选择最佳治疗方案。

本书图片大部分是由作者在科研和临诊实践中积累的，尤其在实施国家兔产业技术体系项目过程中取得的，有些则由国内外有关学者提供，主要有陈怀涛、王永坤、王云峰、谷子林、鲍国连、索勋、薛帮群、高淑霞、崔丽娜等老师，在此谨致谢意。

本书的顺利出版得到国家兔产业技术体系首席专家秦应和教授以及体系同仁、山西省农科院畜牧兽医研究所养兔研究室同事的大力支持，在此一并表示感谢！

　　尽管作者为本书的编著做了不小的努力，但因时间仓促和水平有限，其中肯定存在不少缺点和错误，恳请广大读者提出批评意见，以便再版时进行更正，使本书日臻完善。

任克良

目 录

第一章

细菌性传染病

一、魏氏梭菌病

兔魏氏梭菌病又称兔梭菌性肠炎，主要是由 A 型魏氏梭菌及其所产生的外毒素引起的一种死亡率极高的致死性肠毒血症，以兔泻出大量水样粪便，导致其迅速死亡为特征，是危害养兔业的重要疾病。

【病原】 主要为 A 型魏氏梭菌（图 1-1），少数为 E 型魏氏梭菌。本菌属于条件性致病菌，革兰氏染色阳性，厌氧条件下生长繁殖良好，可产生多种毒素。

【流行特点】 不同年龄、品种、性别的家兔对本病均易感染（图 1-2、图 1-3）。一年四季均可发生，但以冬、春两季发病率最高。各种应激因素均可诱发本病，如长途运输，青、粗料短缺，饲料配方突然更换（尤其从低能量、低蛋白向高能量、高蛋白日粮转变），长期饲喂抗生素，气候骤变等。消化道是主要传播途径。

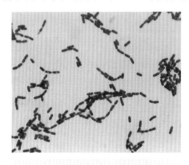

图 1-1 纯培养物中魏氏梭菌的形态，呈革兰氏阳性大杆菌，芽孢位于菌体中央，呈卵圆形（Gram×1000） （王永坤）

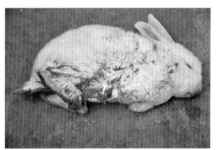

图 1-2 幼兔腹泻，尾部、腹部沾有水样粪便 （任克良）

【临床症状】 急性腹泻。粪便有特殊腥臭味，呈黑褐色或黄绿色，污染肛门等部（图1-2、图1-4）。轻摇兔体可听到"咣、咣"的拍水声。有水泻的病兔多于当天或次日死亡。流行期间也可见无下痢症状亦迅速死亡的病例。

图1-3 成年兔腹部膨大、腹泻，水样粪便污染肛门周围及尾部
（任克良）

图1-4 腹部、肛门周围和后肢被毛被水样稀粪或黄绿色粪便沾污 （任克良）

【剖检病变】 胃多胀满，黏膜脱落，有出血斑点和溃疡(图1-5～图1-9)。小肠壁充血、出血，肠腔充满含气泡的稀薄内容物（图1-10）。盲肠黏膜有条纹状出血，病兔有黑色或黑褐色水样内容物（图1-11～图1-13）。心脏表面血管怒张，呈树枝状充血（图1-14）。有的病兔膀胱积有茶色或蓝色尿液（图1-15）。

图1-5 胃内充满食物，黏膜脱落
（任克良）

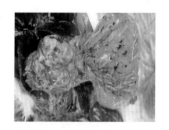

图1-6 出血性胃炎：胃黏膜脱落，有大量出血斑和出血点 （任克良）

图 1-7 溃疡性胃炎：胃黏膜有许多浅表性溃疡 （任克良）

图 1-8 通过胃浆膜可见到胃黏膜有大小不等的黑色溃疡斑点 （任克良）

图 1-9 胃黏膜布有大量黑色溃疡斑 （任克良）

图 1-10 小肠壁瘀血、出血，肠腔充满气体和稀薄内容物 （任克良）

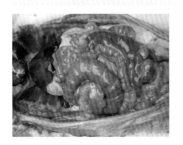

图 1-11 肠道病变（妊娠母兔），盲肠有出血性条纹 （任克良）

图 1-12 盲肠浆膜出血，呈横向红色条带形 （任克良）

图1-13　出血性盲肠炎：盲肠壁色暗红，肠内充满气体和黑红色内容物　（任克良）

图1-14　心脏表面血管怒张，呈树枝状充血　　　　　　（任克良）

【诊断要点】　①发病不分年龄，以1～3月龄幼兔多发，饲料配方、气候突变、长期饲喂抗生素等多种应激均可诱发本病。②急性腹泻后迅速死亡；粪便稀，恶臭，常带血液；通常体温不高。③胃与盲肠有出血、溃疡等特征病变。④抗生素治疗无效。⑤根据病原菌及其毒素检测可以确诊。

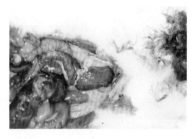

图1-15　膀胱积尿，尿液呈蓝色　　　　　　　　　（任克良）

【预防】　①加强饲养管理。日粮中应有足够的木质素，变换饲料应逐步进行，减少各种应激的发生。②规范用药。预防兔病时应注意抗生素种类、剂量和时间，禁止使用如林可霉素、克林霉素、阿莫西林等抗生素。③预防接种。兔群定期皮下注射A型魏氏梭菌灭活苗，每年2次，每次2毫升。

【治疗】　发生本病后，及时隔离病兔，对兔笼及周围环境进行彻底消毒。在饲料中增加粗饲料比例的同时，还应注射A型魏氏梭菌高免血清，每千克体重2～3毫升，皮下、肌内或静脉注射。感染早期可试用卡那霉素，每千克体重20毫升，肌内注射，每天2次，连用3天。也可用二甲基三哒唑混饲，每千克饲料500毫克，效果较好。同时配合对症治疗，如腹腔注射5%葡萄糖生理盐水进行补液，口服干酵母（每只5～8克）和胃蛋白酶（每只1～2克），疗效更好。

【诊治注意事项】　诊断本病时应抓住腹泻症状和出血性胃肠炎的

病变。急性发生时胃肠道剖检病变不明显，要仔细观察。由于腹泻，故注意与泰泽氏病、大肠杆菌病、沙门氏菌病、球虫病、饲料霉变中毒等疾病相鉴别。对治疗初期病兔效果较好，晚期无效。对无临床症状的兔紧急注射疫苗，剂量应加倍。

二、大肠杆菌病

兔大肠杆菌病又称兔黏液性肠炎，是由一定血清型的致病性大肠杆菌及其毒素引起的一种暴发性、死亡率很高的仔、幼兔肠道传染病。本病的特征为水样或胶冻样粪便及脱水。是断奶前后家兔致死的主要疾病之一。

【病原】 埃希氏大肠杆菌，为革兰氏阴性菌，呈椭圆形。引起仔兔大肠杆菌病的主要血清型有 O_{18}，O_{26}，O_{85}，O_{88}，O_{119} 和 O_{128} 等。

【流行特点】 本病一年四季均可发生，主要侵害初生和断奶前后的仔、幼兔，成年兔发病率低。大肠杆菌为肠道正常寄生菌，正常情况下不发病，当存在饲养管理不良（如饲料配方突然变换、饲喂量突然增加、采食大量冷冻饲料和多汁饲料、断奶方式不当等）、气候突变等应激因素时，肠道正常菌丛活动受到破坏，肠道内致病性大肠杆菌数量急剧增加，其产生的毒素大量积累，引起腹泻。兔群一旦发生本病，常因场地、兔笼的污染而引起大流行，造成仔、幼兔大量死亡。第一胎仔兔发病率和死亡率较高，其他细菌（如魏氏梭菌、沙门氏菌）、轮状病毒、球虫病等也可诱发本病。

【临床症状】 以下痢、流涎为主。最急性的病例未见任何症状即突然死亡，急性的 1~2 天内死亡，亚急性的 7~8 天死亡。病兔体温正常或稍低，待在笼中一角，四肢发冷，发出磨牙声，精神沉郁，被毛粗乱，腹部膨胀（因肠道充满气体和液体）。病初有黄色明胶样黏液和附着有该黏液的干粪排出（图 1-16、图 1-17）。有时带黏液粪球与正常粪球交替排出，随后出现黄色水样稀粪或白色泡沫（图 1-18）。

图 1-16　病兔排出大量浅黄色明胶样黏液和干粪球　　　　（任克良）

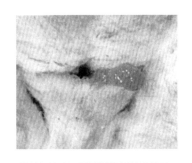

图1-17　病兔排出黄色胶冻
样黏液　　　　　（任克良）

图1-18　流行期，用手挤压肛门
仅排出白色泡沫　　（任克良）

【剖检病变】　　主要剖检病变为胃肠炎，小肠内含有较多气体和浅黄色的黏液，大肠内有黏液样分泌物，也可见其他病变（图1-19～图1-26）。

图1-19　肠道病变：小肠内充满
气泡和浅黄色黏液　（任克良）

图1-20　肠道病变：肠腔内黏
液呈浅黄色　　　（任克良）

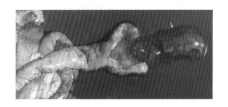

图1-21　黏液性肠炎：结肠剖开时
有大量胶样物流出（↑），粪便被胶
样物包裹　　　　（陈怀涛）

图1-22　肠道病变：病变部
充满泡沫及浅黄色黏液，盲
肠壁有出血点　　（任克良）

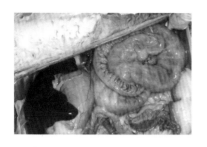

图1-23 盲肠病变（成年兔）：盲肠黏膜水肿、充血 （任克良）

图1-24 黏液性盲肠炎（成年兔）：盲肠黏膜水肿，色暗红，附有黏液 （任克良）

图1-25 哺乳仔兔胃臌气、膨大，小肠内充满半透明黄绿色胶样物 （任克良）

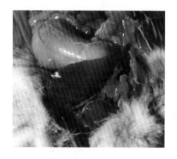

图1-26 肝脏表面可见黄白色小点状坏死灶 （陈怀涛）

【诊断要点】 ①有改变饲料配方、变换笼位、气候突变等应激史。②断奶前后仔、幼兔多发，同笼仔、幼兔相继发生。③从肛门排出黏胶状物。④有明显的黏液性肠炎病变。⑤病原菌及其毒素检测可以确诊。

【预防】 减少各种应激。仔兔断奶前后不能突然改变饲料，提倡"原笼原窝饲养"，饲喂要遵循"定时、定量、定质"原则，春、秋季节要注意保持兔舍温度的相对恒定。20～25日龄仔兔皮下注射大肠杆菌灭活苗。用本场分离的大肠杆菌制成的菌苗预防注射，效果确切。

【治疗】 ①先对病兔分离出的大肠杆菌做药敏试验，选择较敏感的药物进行治疗，如氟哌酸（诺氟沙星）、环丙沙星、恩诺沙星等。②链霉素，每千克体重20毫克肌内注射，每天2次，连用3~5天。③庆大霉素，每只1万~2万单位肌内注射，每天2次，连用3~5天；也可在饮水中添加庆大霉素药物。④促菌生菌液。每只2毫升（约10亿活菌）口服，每天1次，连用3次。⑤对症治疗。可在皮下或腹腔注射葡萄糖生理盐水或口服生理盐水等，以防脱水。

【诊治注意事项】 注意与有腹泻症状的泰泽氏病、球虫病、沙门氏菌病、魏氏梭菌病等进行鉴别。本病腹泻的特征是黏胶样肠内容物，这是鉴别要点之一。本病早期治疗效果较好，晚期治疗效果差。按时注射大肠杆菌菌苗对预防兔群发病具有一定的意义。

☞ 三、巴氏杆菌病 ☜

巴氏杆菌病是家兔的一种常见传染病，病原为多杀性巴氏杆菌，临床病型多种多样。

【病原】 多杀性巴氏杆菌为革兰氏阴性菌，两端钝圆、细小，呈卵圆形的短杆状。菌体两端着色深，但培养物涂片染色，两极着色则不够明显。

【流行特点】 多发生于春、秋两季，常呈散发或地方性流行。多数家兔鼻腔黏膜带有巴氏杆菌，但不表现临床症状。当各种因素（如长途运输、过分拥挤、饲养管理不良、空气质量不良、气温突变、疾病等）应激作用下，机体抵抗力下降，存在于上呼吸道黏膜以及扁桃体内的巴氏杆菌则大量繁殖，侵入下部呼吸道，引起肺病变，或由于毒力增强而引起本病的发生。呼吸道、消化道或皮肤、黏膜伤口为主要传染途径。

【临床症状与剖检病变】

（1）败血型 急性时，病兔精神萎靡，停食，呼吸急促，体温达41℃以上，鼻腔流出浆液、脓性鼻涕。病兔死前体温下降，四肢抽搐。病程短的24小时内死亡，长的1~3天死亡。流行之初有个别病例不显症状而突然死亡。剖检为全身性出血、充血和坏死（图1-27~图1-35）。该型可单独发生或继发于其他任何一型巴氏杆菌病，但最多见于鼻炎型和肺炎型之后，此时可同时见到其他型的症状和病变。

图1-27　浆液出血性鼻炎：鼻腔黏膜充血、出血、水肿，附有浅红色鼻液　　　（陈怀涛）

图1-28　出血性肺炎：肺充血、水肿，有许多大小不等的出血斑点　　（陈怀涛）

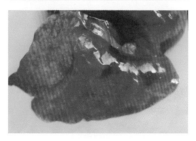

图1-29　纤维素性肺炎：部分肺叶因纤维素渗出而质地坚实，呈明显肝变现象　　（陈怀涛）

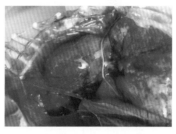

图1-30　心包积液：心外膜和肺表面有大量出血斑点　　（陈怀涛）

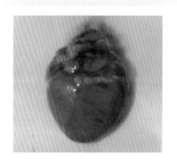

图1-31　心外膜血管充血并有明显出血　　　（陈怀涛）

图1-32　肝脏表面有散在大量灰黄色坏死点　　（陈怀涛）

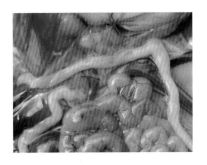

图 1-33　结肠和空肠浆膜有较多散在出血斑点　　　（陈怀涛）

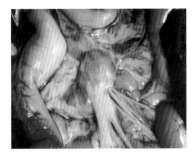

图 1-34　肠系膜淋巴结肿大、出血　　　　　　　（陈怀涛）

（2）**肺炎型**　以急性纤维素性化脓性肺炎和胸膜炎为特征。病初病兔食欲不振，精神沉郁，主要症状为呼吸困难，常以败血症告终。剖检见纤维素性、化脓性、坏死性肺炎以及纤维素性胸膜炎和心包炎变化（图 1-36～图 1-39）。

（3）**鼻炎型**　以浆液性、黏性脓性或眼性鼻液特征的鼻炎和副鼻窦炎为特征，病兔从鼻腔流出大量鼻液（图 1-40、图 1-41）。

图 1-35　膀胱积尿，血管怒张；直肠浆膜有出血点　　（陈怀涛）

图 1-36　纤维素性胸膜肺炎：肺和心外膜有纤维素性化脓性渗出物　　　　　　　　（陈怀涛）

图 1-37　化脓性肺炎：肺质地坚实，颜色灰红，切面有灰黄色脓液流出　　　（陈怀涛）

图 1-38 肺炎型：鼻腔有黏性分泌物，呼吸困难 （任克良）

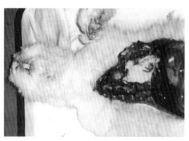

图 1-39 肺脓肿：脓肿内为大量白色脓汁 （任克良）

图 1-40 黏性鼻炎：鼻孔内有大量黏性白色分泌物 （任克良）

图 1-41 黏脓性鼻炎：鼻孔周围有大量黏脓性分泌物附着，分泌物干涸，病兔呼吸困难 （任克良）

（4）中耳炎型 单纯中耳炎多无明显症状，如炎症蔓延至内耳或脑膜、脑质，则病兔表现为斜颈，同时见采食困难（图 1-42），甚至出现运动失调和其他神经症状（图 1-43）。剖检时在一侧或两侧鼓室内有白色或浅黄色渗出物（图 1-44、图 1-45）。鼓膜破裂时，从外耳道流出炎性渗出物。也可见化脓性内耳炎和脑膜脑炎。

（5）结膜炎型 眼睑中度肿胀，结膜发红（图 1-46），有浆液性、黏液性或黏液脓性分泌物（图 1-47）。

图1-42 中耳炎：病兔中耳炎已侵及脑部，故出现斜颈症状，同时见采食困难，有黏液性鼻液流出（任克良）

图1-43 中耳炎：致脑部病变时，病兔头颈明显偏向一侧，运动失调 （任克良）

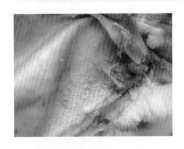

图1-44 中耳炎：外耳与内耳内有浅黄色渗出物 （任克良）

图1-45 中耳炎：中耳内充塞干酪样的物质 （陈怀涛）

图1-46 结膜炎：眼结膜潮红，眼睑肿胀 （任克良）

图1-47 结膜炎：眼部有黄白色脓性分泌物 （任克良）

（6）**生殖系统感染型**　母兔感染时无明显症状，或表现为不孕并有黏液性脓性分泌物从阴道流出；子宫内扩张，黏膜充血，内有脓性渗出物（图1-48、图1-49）。公兔感染初期附睾出现病变，随后一侧或两侧的睾丸肿大，质地坚实（图1-50），有的发生脓肿，有的阴茎有脓肿（图1-51）。

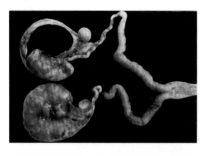

图 1-48　化脓性子宫内膜炎与输卵管炎：子宫角与输卵管因脓液大量积聚而增粗　　　（范国雄）

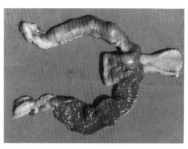

图 1-49　出血性化脓性子宫内膜炎：子宫黏膜充血、水肿并有灰红色脓液　　　（陈怀涛）

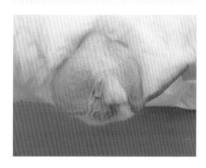

图 1-50　睾丸炎：睾丸明显肿大，质地坚实　　　（任克良）

图 1-51　生殖器官脓肿：阴茎上脓肿　　　（任克良）

（7）**脓肿型**　全身各部皮下、内脏均可发生脓肿。皮下脓肿可触摸到。脓肿内含有白色、黄褐色奶油状脓汁。

【诊断要点】　①春、秋季多发，呈散发或地方性流行。②精神委顿、不食与呼吸急促。③根据不同病型的症状、剖检病变可做出初步诊断，但确诊需做细菌学检查。

【预防】 建立无多杀性巴氏杆菌种兔群。定期消毒兔舍，降低饲养密度，加强通风。对兔群经常进行临诊检查，将流鼻涕、鼻毛潮湿蓬乱、中耳炎、结膜炎的兔子及时检出，隔离饲养和治疗。每年两次皮下注射兔巴氏杆菌灭活菌苗，每次注射 1 毫升。

【治疗】 ①青霉素、链霉素联合注射。每千克体重青霉素 2 万 ~ 4 万单位、链霉素 20 毫克，混合一次肌内注射，每天 2 次，连用 3 天。②磺胺二甲嘧啶。内服，首次量每千克体重 0.2 克，维持量为 0.1 克，每天 2 次，连用 3 ~ 5 天。③抗巴氏杆菌高免血清。皮下注射，每千克体重 6 毫升，8 ~ 10 小时再重复注射 1 次。

【诊治注意事项】 本病型较多，因此诊断时要特别仔细，并注意与兔出血症、葡萄球菌病、波氏杆菌病、李氏杆菌病等相鉴别。

四、支气管败血波氏杆菌病

支气管败血波氏杆菌病是由支气管败血波氏杆菌引起家兔的一种呼吸器官传染病，其特征为鼻炎和支气管肺炎，前者常呈地方性流行，后者则多呈散发性。本病多见于气候多变的春、秋两季。

【病原】 支气管败血波氏杆菌，为一种细小杆菌，革兰氏染色阴性，常呈两极染色，是家兔上呼吸道的常在性寄生菌。

【流行特点】 本病多发于气候多变的春、秋两季，冬季兔舍通风不良时也易流行。感染途径主要是呼吸道。病兔打喷嚏和咳嗽时病菌污染环境，并通过空气直接传给相邻的健康兔，当兔子患感冒、寄生虫等疾病时，均易诱发本病。本病常与巴氏杆菌病、李氏杆菌病等并发。

【临床症状】

(1) 鼻炎型 较为常见，多与巴氏杆菌混合感染，鼻腔流出浆液或黏液性分泌物（通常不呈脓性）（图 1-52）。病程短，易康复。

(2) 支气管肺炎型 鼻腔流出黏性至脓性分泌物，鼻炎长期不愈，病兔精神沉郁，食欲不振，逐渐消瘦，呼吸加快。成年兔多为慢性，幼兔和青年兔常呈急性。

【剖检病变】 剖检时，如为支气管肺炎型，支气管腔可见混有泡沫的黏脓性分泌物，肺有大小不等、数量不一的脓疱，肝脏、肾脏等器官也可见或大或小的脓疱（图 1-53 ~ 图 1-59）。

图 1-52 鼻炎：鼻孔流出黏液性鼻液 （任克良）

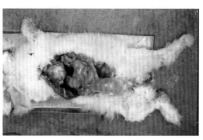

图 1-53 肺脓疱：肺上连接有一个约鸡蛋大小的脓疱 （任克良）

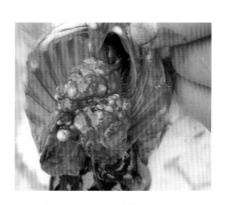

图 1-54 肺脓疱：肺的表面和实质见大量脓疱（34 日龄） （任克良）

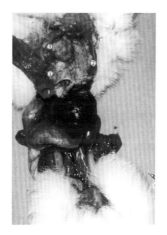

图 1-55 哺乳仔兔胸腔与心包腔积脓：左肺 ①与胸腔表面 ②有脓汁黏附，心包腔 ③内有黏稠、乳油样的白色脓液 （任克良）

15

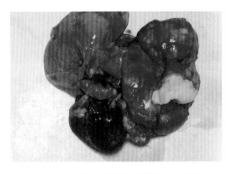

图1-56 肺脓疱：肺上的一个脓疱已切开，从中流出白色乳油状脓汁 （任克良）

图1-57 肝脏多发性脓疱：肝脏组织中密布许多较小的脓疱 （王永坤）

图1-58 睾丸脓疱：两个睾丸中均有一些大小不等的脓疱 （王永坤）

图1-59 肾脓疱：肾脏组织可见大小不等的脓疱 （任克良）

【诊断要点】 ①有明显鼻炎、支气管肺炎症状。②有特征性的化脓性支气管肺炎和肺脓疱等病变。③病原菌分离鉴定可以确诊。

【预防】 保持兔舍清洁和通风良好。及时检出、治疗或淘汰有呼吸道症状的病兔。定期注射兔波氏杆菌灭活苗，每只皮下注射1毫升，免疫期6个月，每年注射2次。

【治疗】 ①庆大霉素，每只每次1万~2万单位肌内注射，每天2次。②卡那霉素，每只每次1万~2万单位肌内注射，每天2次。③链霉素，每千克体重20毫克肌内注射，每天2次。

【诊治注意事项】 鼻炎型应与巴氏杆菌病及非传染性鼻炎相鉴别，支气管肺炎型应与巴氏杆菌病、绿脓杆菌病及葡萄球菌病相鉴别。治疗本病停药后易复发，内脏脓疱的病例治疗效果不明显，应及时淘汰。

五、葡萄球菌病

兔葡萄球菌病是由金黄色葡萄球菌引起的常见传染病。其特征为身体各器官形成脓肿或发生致死性脓毒败血症。

【病原】 金黄色葡萄球菌在自然界分布广泛，革兰氏染色阳性，能产生高效价的 8 种毒素。家兔对本菌特别敏感。

【流行特点】 家兔是对金黄色葡萄球菌最敏感的动物之一。通过各种不同途径都可能发生感染，尤其是皮肤、黏膜的损伤，哺乳母兔的乳头口是葡萄球菌进入机体的重要门户。当通过飞沫经上呼吸道感染时，可引起上呼吸道炎症和鼻炎。当通过表皮擦伤或毛囊、汗腺而引起皮肤感染时，可引发局部炎症，并可导致转移性脓毒血症。当通过哺乳母兔的乳头口以及乳房损伤感染时，可引发乳腺炎。仔兔吮了含本菌的乳汁、产箱污染物等，均可患黄尿病、败血症等。

【临床症状与剖检病变】 常表现为以下几种病型：

（1）脓肿 原发性脓肿多位于皮下或某一内脏（图1-60～图1-65），手摸时兔有痛感，稍硬，有弹性，以后逐渐增大变软。脓肿破溃后流出脓稠、乳白色的脓液。病兔精神、食欲正常。以后可引起脓毒血症，并在多脏器发生转移性脓肿或化脓性炎症。

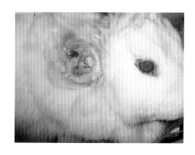

图1-60 颈侧有一脓肿，已破溃，脓液呈白色乳油状 （任克良）

图1-61 右前肢外侧有一脓肿
（任克良）

图1-62 下唇部的一个脓肿，因其影响采食致病兔消瘦 （任克良）

图1-63 注射疫苗消毒不严导致的颈部脓肿 （任克良）

图1-64 腹腔内有数个大小不等的脓肿，内有白色乳油状脓液 （任克良）

图1-65 腹腔见10厘米左右大的脓肿 （任克良）

　（2）仔兔脓毒败血症 仔兔出生后2~3天皮肤出现粟粒大白色脓疱（图1-66、图1-67），脓汁呈乳白色乳油状，多数在2~5天以败血症死亡。剖检时肺和心脏也常见许多白色小脓疱。

　（3）乳腺炎 多发于产后5~20天的母兔。急性病例，乳房肿胀、发热，色红有痛感。乳汁中混有脓液和血液；慢性病例，乳房局部形成大小不一的硬块，之后发生化脓，脓肿也可破溃流出脓汁（图1-68、图1-69），详见本书第八章中乳腺炎的内容。

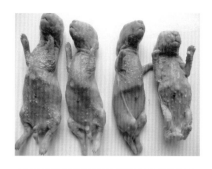

图1-66 皮肤上散在许多粟粒大的小脓疱 （任克良）

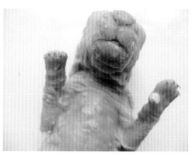

图1-67 患处有白色脓汁 （任克良）

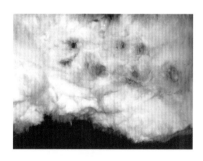

图1-68 化脓性乳腺炎：数个乳头周围都有脓肿形成 （任克良）

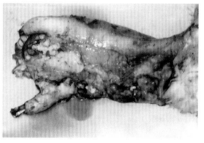

图1-69 化脓性乳腺炎：乳腺区切面见许多大小不等的脓肿，脓液呈白色乳油状 （任克良）

（4）仔兔急性肠炎（黄尿病） 仔兔食入患乳腺炎母兔的乳汁，或被污染的产箱垫料引起。一般全窝发生，病仔兔肛门四周和后肢被黄色稀粪污染（图1-70、图1-71），仔兔昏睡，不食，死亡率高。剖检见出血性胃肠炎病变（图1-72、图1-73）。膀胱极度扩张并充满尿液，氨臭味极浓（图1-74）。

图1-70 同窝仔兔同时发病，仔兔后肢被黄色稀便污染 （任克良）

图 1-71　仔兔急性肠炎：肛门四周和后肢被毛被稀粪污染　（任克良）

图 1-72　出血性胃肠炎：胃内充满食物（乳汁），浆膜出血，小肠壁瘀血　（任克良）

图 1-73　肠浆膜有大量出血点，小肠内充满浅黄色黏液（任克良）

图 1-74　膀胱扩张，充满浅黄色尿液　　　　（陈怀涛）

（5）足皮炎、脚皮炎　足皮炎的病变部大小不一，多位于足底部后肢跖趾区的跖侧面（图1-75、图1-76），偶见于前肢掌指区的跖侧面，该病型极易因败血症致病兔迅速死亡，致死率较高。脚皮炎在足底部，病变部皮肤脱毛、红肿，之后形成脓肿、破溃，最终形成大小不一的溃疡面（图1-77）。病兔出现小心换脚休息、跛行，甚至出现跷腿、弓背等症状。

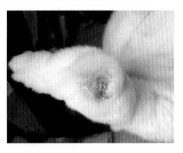

图 1-75　后肢跖侧面的一个脓肿，已经发生破溃，流出白色乳油状脓液　　（任克良）

图 1-76 跗股部脓肿，脓
汁呈乳白色 （任克良）

图 1-77 化脓性脚皮
炎：一肢脚掌皮肤充血、
出血，局部化脓破溃

（陈怀涛）

【诊断要点】 根据皮肤、乳腺和内脏器官的脓肿及腹泻等症状与
病变可怀疑本病，确诊应进行病原菌分离鉴定。

【预防】 清除兔笼内一切锋利的物品；产箱内垫草要柔软、清洁；
兔体受外伤时要及时进行消毒处理；注射疫苗部位要做消毒处理；产仔
前后的母兔适当减少饲喂量和多汁饲料供给量；发病率高的兔群要定期
注射葡萄球菌菌苗，每年 2 次，每次皮下注射 1 毫升。

【治疗】

局部治疗：局部脓肿与溃疡按常规外科处理，涂擦 5% 甲紫酒精溶
液，或 3% ~5% 碘酊、3% 结晶紫石炭酸溶液、青霉素软膏、红霉素软膏
等药物。

全身治疗：新青霉素Ⅱ，每千克体重 10 ~15 毫克，肌内注射，每天
2 次，连用 4 天。也可用四环素、磺胺类药物治疗。

【诊治注意事项】 眼观初步诊断时一定要发现化脓性炎症，仔兔
的肠炎要注意其他疾病所致的肠炎相鉴别。由于巴氏杆菌病、绿脓杆
菌病等也可表现化脓性炎症，因此要从病原和病变等多方面来做鉴别。

治疗仔兔急性肠炎时，要对母兔和仔兔同时治疗。足皮炎治疗不及时，病兔极易因败血病迅速死亡。

六、肺炎克雷伯氏菌病

肺炎克雷伯氏菌病是由肺炎克雷伯氏菌引起家兔的一种散发性传染病。青年、成年兔以肺炎及其他器官化脓性病灶为特征，幼兔以腹泻为特征。

【病原】　肺炎克雷伯氏菌，为革兰氏阴性、短粗、卵圆形杆菌。

【流行特点】　本菌常见于肠道、呼吸道、土壤、水和谷物中。当兔机体抵抗力下降或其他原因造成应激，可促使本病发生。各种年龄、品种、性别的兔均易感染，但以断奶前后仔兔及妊娠母兔发病率最高，受害最为严重。

【临床症状】　青年、成年兔病程长，无特殊临床症状，病兔一般表现为食欲逐渐减少和渐进性消瘦，被毛粗乱，行动迟钝，呼吸急促，打喷嚏，流鼻液（图1-78）。妊娠母兔发生流产。

【剖检病变】　剖检可见病兔肺部和其他器官、皮下、肌肉有脓肿，脓液黏稠呈灰白色或白色（图1-79、图1-80）。幼兔剧烈腹泻，迅速衰弱，终至死亡。幼兔肠道黏膜瘀血，肠腔内有大量黏稠物和少量气体（图1-81）。

图1-78　病兔一般症状：精神沉郁，消瘦，呼吸急促　（任克良）

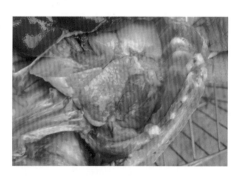

图1-79　肺实变：病变部颜色变深，实变，肺表面凹凸不平　（任克良）

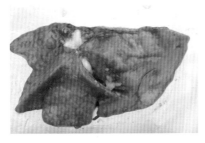

图1-80　化脓性肺炎：肺切面多处见白色脓汁流出　　（任克良）

图1-81　肠壁瘀血、色暗红，肠腔内积有大量液体　（王云峰等）

【诊断要点】　根据症状、剖检病变可做出初步诊断，确诊需要做病原鉴定。

【预防】　本病目前无特异性预防方法。平时加强清洁卫生和防鼠、灭鼠工作。一旦发现病兔，及时隔离治疗，对其所用兔笼、用具进行消毒。

【治疗】　首选药物为链霉素，每千克体重肌内注射2万单位，每天2次，连续3天。也可用诺氟沙星、环丙沙星、庆大霉素注射液等。

【诊治注意事项】　兔群一旦感染，很难根除。本病须与肺炎球菌病、溶血性链球菌病、支气管败血波氏杆菌病、绿脓杆菌病及仔兔大肠杆菌病相鉴别。本病属人畜共患病，注意个人卫生防护。

七、沙门氏菌病

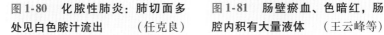

沙门氏菌病又称副伤寒，是由沙门氏菌属细菌引起的一种传染病，幼兔多表现为腹泻和败血症，妊娠母兔主要表现为流产。

【病原】　病原菌主要为鼠伤寒沙门氏菌和肠炎沙门氏菌，为革兰氏阴性、卵圆形小杆菌。

【流行特点】　断奶幼兔和妊娠25天后的母兔易发病。传播方式一种是健康兔食入了被病兔或鼠类污染的饲料和饮水；另一种是健康兔肠内寄生的本菌，在各种应激因素作用下，兔体抵抗力下降，趁机繁殖和毒力增强而发病。仔兔还可经子宫内或脐带感染。

【临床症状与剖检病变】　个别病兔不显症状即突然死亡。幼兔多表现急性腹泻，粪便带有黏液，体温升高至41℃，不食，渴欲增强，很快死亡。剖检病兔见内脏充血、出血，淋巴结肿大，肠壁可见灰白色结节或坏死灶，肝脏有小坏死灶，脾脏肿大（图1-82～图1-85）。母兔表现化脓性子宫内膜炎和流产，流产多发生于妊娠25天后至将近临产的母兔。妊娠兔发病率可高达57%，流产率达70%，致死率为44%。如未死而康复者不易受胎。未流产的胎儿常发育不全、木乃伊化或液化。

图1-82　肠壁瘀血、暗红，肠系膜血管充血、怒张，肠腔内充满含气泡的稀糊状内容物　　　　　　（王永坤）

图1-83　肠壁瘀血，淋巴集结增生、呈灰白色颗粒状，肠腔内充满含气泡的稀糊状内容物　　（陈怀涛）

图1-84　盲肠蚓突（图中部）淋巴组织增生，呈粟粒大、灰黄色结节或坏死灶　　　　（陈怀涛）

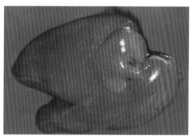

图1-85　肝脏表面散在灰黄色小结节或坏死灶　　　（陈怀涛）

【诊断要点】 ①根据幼兔腹泻、内脏病变和妊娠母兔化脓性子宫内膜炎、流产可做出初步诊断。②确诊应根据细菌学和血清学检查结果。

【预防】 加强饲养管理，增强兔体抗病力。定期对兔舍、用具进行消毒。彻底消灭老鼠和苍蝇。妊娠前后母兔注射鼠伤寒沙门氏菌灭活菌苗，每只兔皮下注射1毫升。疫区兔群每年定期注射2次。定期用鼠伤寒沙门氏菌诊断抗原普查带菌兔，对阳性者要隔离治疗，无治疗效果者严格淘汰。

【治疗】 可用庆大霉素，每千克体重10毫克，每天2次，连用5天。或氯霉素肌内注射，每次1~2毫升，每天2次，连用3天。也可服用土霉素，每千克体重50毫克，每天2次，连用3~5天。还可内服大蒜汁1汤勺，每天3次，连用7天。

【诊治注意事项】 本病的诊断主要根据腹泻和流产症状，但这些症状见于多种疾病，如腹泻见于魏氏梭菌病、大肠杆菌病、泰泽氏病、葡萄球菌病、球虫病等，应注意鉴别。用土霉素治疗时应注意休药期。

八、李氏杆菌病

李氏杆菌病为人畜共患的一种散发性传染病，是由产单核细胞李氏杆菌引起的。其特征为败血症、脑膜脑炎和流产，幼兔和妊娠兔多受害，死亡率高。

【病原】 产单核细胞的李氏杆菌，革兰氏染色为阳性，呈棒状或球杆状，在抹片中单个分散、并列成对或呈"V"字形排列。

【流行特点】 本病的传染源较多，其中鼠类常为本菌在自然界的储藏库。当带菌动物的粪便和分泌物感染了饲料、用具和水源后，可传染给兔。传染途径为消化道、鼻腔、眼结膜、伤口以及吸血昆虫的叮咬。多为散发，有时呈地方性流行，发病率低，但死亡率高，幼兔和妊娠母兔较易感染。

【临床症状】 潜伏期一般为2~8天。急性病例多见于幼兔，症状仅见精神萎靡，不吃，体温升高达40℃以上，也见鼻炎（图1-86）、结膜炎，1~2天内死亡。亚急性型与慢性型，主要表现为间歇性神经症状，如嚼肌痉挛，全身震颤，眼球凸出，头颈偏向一侧，做转圈运动等（图1-87）。如病菌侵害妊娠兔则于产前2～3天发病，阴道流出红色或棕褐色分泌物。

图1-86　鼻炎：鼻黏膜潮红，从鼻孔流出黏液性鼻液　　　　　　　　　　（陈怀涛）

图1-87　神经症状：头偏向一侧做圆圈运动　　　　　　　　　（任克良）

【剖检病变】　剖检病变为鼻炎、化脓性子宫内膜炎、单核细胞性脑膜脑炎和肝脏、心脏、肾脏、脾脏等内脏坏死灶形成（图1-88～图1-90）。

图1-88　心肌中见多发性坏死小灶　　　（陈怀涛）

图1-89　脾脏肿大，有大量浅黄色坏死灶　　　　　　　　　（L. Gekle 等）

【诊断要点】 ①幼兔（常呈急性）与妊娠兔（多为亚急性与慢性）较多发。②急性病例一般呈败血性变化（充血、出血，水肿，体腔积液），鼻炎与结膜炎，肝脏有坏死灶；亚急性与慢性病例有子宫、脑和内脏的特征变化。③确诊需做李氏杆菌分离鉴定与动物接种试验。

【预防】 做好灭鼠和消灭蚊虫工作。发现病兔，立即隔离治疗或淘汰，消毒兔笼和用具。对有病史的兔场或长期不孕的兔，可采血化

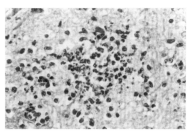

图1-90 脑炎：在脑组织中可见由单核细胞膜和中性粒细胞组成的细胞灶（微脓肿），小血管周围也可见单核细胞浸润 （陈怀涛）

验单核白细胞数量变化情况，检出隐性感染的家兔。

【治疗】 ①磺胺嘧啶钠，每千克体重0.1毫克，肌内注射，首次量加倍，每天2次，连用3～5天。②增效磺胺嘧啶，每千克体重25毫克，肌内注射，每天2次。③四环素，每只200毫克，口服，每天1次。④庆大霉素，每千克体重1～2毫克，肌内注射，每天2次。⑤新霉素，每只2万～4万单位，混于饲料中喂给，每天3次。

【诊治注意事项】 本病的诊断考虑要全面，不能仅看见流鼻液、神经症状或流产便诊断为本病，脑的病理组织检查、血液单核细胞检查和病原菌鉴定不能忽视。注意与巴氏杆菌病、沙门氏菌病等相鉴别。本病能传染给人，应注意个人防护。

九、野兔热

野兔热又称土拉热或土拉杆菌病，是由土拉热弗朗西斯菌引起人兽共患的一种急性、热性、败血性传染病。本病广泛流行于啮齿动物中，其特征为体温升高，淋巴结、肝脏、脾脏等器官的坏死灶形成。

【病原】 土拉热弗朗西斯菌呈多形态，在患病的动物体内为球状，在培养物中呈球状、杆状、丝状等。为革兰氏阴性菌，亚甲蓝染色两极着色良好。

【流行特点】 病兔及被污染的饲料、垫草、饮水等都能成为传染源。病菌可通过皮肤、黏膜侵入机体，也能通过吸血昆虫传播。多发生于春末夏初。

【临床症状】 超急性病例无临床症状，因败血症迅速死亡。急性病例仅于临死前表现精神萎靡，食欲不振，运动失调，2~3天内呈败血症而死亡。大多数病例为慢性，发生鼻炎，鼻腔流出黏性或脓性分泌物，体表淋巴结（如颌下、肩前、腹股沟淋巴结）肿大，体温升高 1~1.5℃，极度消瘦，最后多衰竭而死。

【剖检病变】 剖检可见淋巴结、肝脏、脾脏、肾脏肿大与大小不等的坏死灶形成（图 1-91 ~ 图 1-94）。

图 1-91　淋巴结充血、出血、肿大，切面见大小不等的灰黄色坏死灶
　　　　　　　　（陈怀涛）

图 1-92　脾脏切面见大小不等的颗粒状灰黄色坏死灶
　　　　　　　　　　　　　（陈怀涛）

图 1-93　肝脏表面散在针尖至粟粒大的坏死灶　　　　（陈怀涛）

图 1-94　肾脏表面见数个粟粒大的灰黄色坏死灶　　（陈怀涛）

【诊断要点】　①多发于春末夏初，啮齿动物与吸血昆虫活动季节。②有鼻炎、体温升高、消瘦、衰竭与血液白细胞增多等临床症状。③有特征剖检病变。④病原菌检查等可以确诊。

【预防】　兔场要注意灭鼠杀虫，驱除兔体外寄生虫，经常对笼舍及用具进行消毒，严禁野兔进入饲养场。引进种兔要隔离观察，确认无病后方可入群。发现病兔要及时治疗，无治疗价值的要扑杀处理。疫区可试用弱毒菌苗预防接种。

【治疗】　病初可用以下药物治疗：①链霉素，每千克体重20毫克，肌内注射，每天2次，连用4天。②金霉素，每千克体重20毫克，用5%葡萄糖液溶解后静脉注射，每天2次，连用3天。也可用土霉素等抗生素类药物治疗。

【诊治注意事项】　此病的症状无特异性，只能作为诊断参考。剖检病变有较大诊断价值，但要与伪结核病、李氏杆菌病等相鉴别。本病属人畜共患病，剖检时要注意防护，以免受到感染。治疗应尽早进行，病至后期疗效不佳。

十、结核病

结核病由结核杆菌属细菌引起，其特征为肺、淋巴结等器官形成结核结节，临诊病兔出现渐进性消瘦。

【病原】　分枝杆菌属的细菌（牛分枝杆菌、禽分枝杆菌、结核分枝杆菌）（图1-95），为革兰氏染色阳性，一般染色方法较难着色，常用方法为齐-尼氏（Ziehl-Neelsen）抗酸染色法，菌体可染成红色。

【流行特点】　各种畜禽、野生动物和人都能感染发病。病兔和患结核病的其他动物的分泌物、排泄物污染了饲料、饮水和用具，将

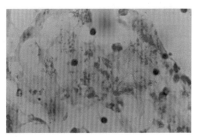

图1-95　组织中的结核杆菌：抗酸染色时结核杆菌呈红色　（陈怀涛）

结核病菌传给健康兔而引起发病。也可通过飞沫传播。此外，还可通过交配、皮肤创伤、脐带或胎盘等途径传播。

【临床症状】 病初期，病兔常无明显症状，随疾病发展，出现咳嗽、喘气、呼吸困难、消瘦等症状。患肠结核的病兔，常表现拉稀，有的病例四肢关节肿大或骨骼变形，甚至发生脊椎炎和后躯麻痹。

【剖检病变】 剖检见淋巴结、肺等脏器有结核结节形成，结节常发生干酪样坏死（图1-96），组织上可见特异的多核巨细胞和上皮样细胞（图1-97）。

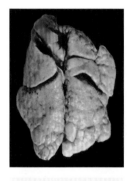
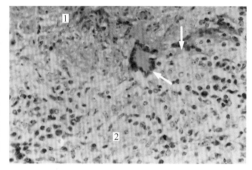

图1-96 肺表面散在大量大小不等的结核结节，大结节中心部发生干酪样坏死 （陈怀涛）

图1-97 结核结节的组织结构
①结节中心为干酪样坏死区，染色较红。②结节外周围为大量上皮细胞，染色较浅，其中夹杂少量多核巨细胞（↑） （陈怀涛）

【诊断要点】 ①主要发生于成年兔，表现为慢性消瘦和程度不等的呼吸障碍。②淋巴结、肺等脏器有结核结节病变，组织学检查可见到上皮样细胞和多核巨细胞。③细菌学检查可以确诊。④生前可试用结核菌素皮内试验。

【预防】 兔场、兔舍要远离牛舍、鸡舍和猪圈，减少病原传播的机会。定期检疫，及时淘汰病兔。禁用患结核病病牛、病羊的乳汁喂兔。患结核病的人，不能担任饲养员。

【治疗】 对种用价值高的病兔，可用异烟肼和链霉素联合治疗。每只兔每天口服异烟肼1~2克，肌内注射对氨基水杨酸4~6克，间隔1~2天用药1次，链霉素每天每千克体重30毫克。

【诊治注意事项】 患本病的病兔生前症状不特异，故常被忽视，死后虽见特征病变，但对结核结节的判定须有经验，通常病理组织学诊断较准确。出现干酪样坏死的病变时，可进行病原菌检查。本病以预防为主，一般可不进行治疗。注意与内脏有结节病变的疾病（如伪结核病、李氏杆菌病、野兔热等）相鉴别。

十一、伪结核病

伪结核病是由伪结核耶尔森氏菌引起的一种慢性消耗性疾病。多种哺乳动物、禽类和人，尤其是啮齿动物鼠类都能感染发病。本病的特征病变是内脏淋巴形成坏死结节，这种病变和结核病的结节相似，故称为伪结核病。

【病原】 病原菌是伪结核耶尔森氏菌，为革兰氏阴性菌，属多形态的球状短杆菌（图1-98）。脏器触片亚甲蓝染色，呈两极着色。鼠类是本病菌的自然储存宿主。

【流行特点】 本菌在自然界广泛存在，啮齿动物是本病菌的储存所。主要经消化道，也可由皮肤伤口、交配和呼吸道而感染。多呈散发，偶尔为地方性流行。

【临床症状】 病兔主要表现为腹泻、消瘦，经3～4周死亡。

【剖检病变】 剖检病兔，可见盲肠蚓突、圆小囊、肠系膜淋巴结与脾脏等内脏器官有粟粒状灰白色坏死结节形成（图1-99～图1-101）。偶有因败血症而死亡的病例。

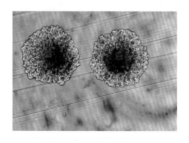

图1-98 伪结核病菌落形态：菌落半透明、光滑、形圆，边缘不规则 （王永坤）

图1-99 盲肠蚓突①和圆小囊②壁的粟粒状坏死结节 （王永坤）

图1-100　脾脏高度增大，有密
集的针头大至粟粒大的坏死结节
　　　　　　　（董亚芳、王启明）

图1-101　四个脾脏中均有大
小不等、多少不一的坏死结节
　　　　　　　　　　（王永坤）

【诊断要点】　①慢性腹泻与消瘦。②内脏有典型的坏死性结节病变。③取样检查病原菌可确诊。

【预防】　本病以预防为主，发现可疑病兔后立即淘汰，消毒兔舍和用具，加强卫生和灭鼠工作，且应注意人身保护。注射伪结核耶尔森氏多价灭活苗，每只兔皮下注射1毫升，每年注射2次，可控制本病的发生。

【治疗】　目前无有效方法治疗，可试用下列药物治疗：①链霉素，肌内注射，每千克体重20毫克，每天2次，连用3~5天。②四环素片，内服，每次1片（0.25克），每天2次。

【诊治注意事项】　根据典型病变结合症状，一般可做出初步诊断，但确诊应进行病原菌检查。由于病变为坏死性结节，所以要注意与结核病、球虫病、沙门氏菌病、李氏杆菌病及野兔热等病相鉴别。结节病变的部位和组织变化在鉴别诊断上有重要意义。

十二、坏死杆菌病

坏死杆菌病是由坏死杆菌引起的以皮肤和口腔黏膜坏死为特征的散发性慢性传染病。

【病原】　病原菌为坏死杆菌，为多形态的革兰氏阴性菌，严格厌氧。

【流行特点】　坏死杆菌广泛存在于自然界，也是健康动物扁桃体和消化道黏膜的常在菌。病兔和带菌兔的分泌物、排泄物均可成为传染源。主要经损伤的皮肤、口腔和消化道黏膜而传染。多为散发，如与其他嗜氧菌并存时，有利于本菌的生长，也可呈地方性发生。幼兔比成年兔易感。

【临床症状与剖检病变】　病兔不食，流涎，体重减轻，体温升高。唇部、口腔黏膜、齿龈、脚底部、四肢关节及颈部、头面部以至胸前等处的皮肤及组织均可发生坏死性炎症（图1-102），形成脓肿、溃疡。病灶破溃后，病变组织散发出恶臭气味，最后病兔因衰竭死亡。剖检除见上述病变外，有时在内脏也可见到转移性坏死灶。

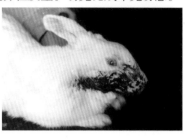

图1-102　口周围、下颌与颈部皮肤坏死，呈污黑色　（陈怀涛）

【诊断要点】　根据患病部位、组织坏死的特殊臭味可做出初步诊断。确诊应依据坏死杆菌的特征进行鉴定。

【预防】　清除饲草、笼内的锐利物，以防损伤兔体皮肤和黏膜。对已经破损的皮肤、黏膜要及时用3%过氧化氢溶液或1%高锰酸钾溶液洗涤，但不可涂结晶紫和甲紫。

【治疗】　局部治疗：清除坏死组织，口腔先用0.1%高锰酸钾溶液冲洗，然后涂擦碘甘油，每天2～3次。其他部位可用3%过氧化氢溶液或5%来苏儿冲洗，然后涂擦5%鱼石脂酒精或鱼石脂软膏。患部出现溃疡时，清理创面后涂擦土霉素或青霉素软膏。

全身治疗：可用磺胺二甲嘧啶，每千克体重0.15～0.2克，肌内注射，每天2次，连用3天。或青霉素每千克体重2万～4万单位，肌内注射。

【诊治注意事项】　本病较易诊断，治疗时应采取局部与全身同时治疗，效果较好。注意与绿脓杆菌病、葡萄球菌病和传染性水疱口炎相鉴别。

十三、绿脓杆菌病

绿脓杆菌病又称绿脓假单胞菌病，是由绿脓假单胞菌引起人和动物共患的一种散发性传染病。病兔主要表现败血症，皮下与内脏脓肿及出血性肠炎。

【病原】　绿脓假单胞菌为中等大小的革兰氏阴性菌，本菌广泛分布于自然界和体内，病料中呈单个、成对或成短链存在，人工培养基中则是长短不等的长丝状。本菌对一般消毒药敏感，对磺胺药、青霉素等不敏感。

【流行特点】 本病的主要传染源是被患病与带菌动物的排泄物和分泌物所污染的饲料、饮水和用具。消化道、呼吸道和伤口是主要感染途径。发病不分年龄和季节。不合理使用抗生素可诱发本病。

【临床症状与剖检病变】 病兔精神沉郁，食欲减退或废绝，呼吸困难，体温升高，下痢，排出褐色稀便，一般在出现下痢24小时左右死亡。慢性病例有腹泻表现，有的出现皮肤脓肿，脓液呈浅绿色或灰褐色黏液状（图1-103），有特殊气味。偶可见到化脓性中耳炎病变。

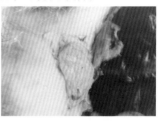

图1-103 皮下脓肿：脓肿界限清楚，有包囊，脓液呈黄绿色 （陈怀涛）

【诊断要点】 ①急性病例为败血症，无特异症状和病变；慢性病例主要见皮下、内脏等部脓肿或化脓性炎症以及腹泻和出血性肠炎（图1-104、图1-105）。②确诊应做病原菌检查和动物接种试验。

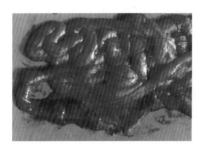

图1-104 出血性肠炎：肠黏膜充血、出血，肠腔中有大量血样内容物 （陈怀涛）

图1-105 肠腔内充满血样液体 （任克良）

【预防】 加强日常饮水和饲料卫生，防止水源和饲料被污染。做好兔场防鼠、灭鼠工作。有病史的兔群可用绿脓假单胞菌苗进行预防注射，每只1毫升，皮下注射，每年注射2次。

【治疗】 ①多黏菌素，每千克体重1万单位，每天2次肌内注射，连用3~5天。②新霉素，每千克体重2万~3万单位，每天2次，连用3~5天。

【诊治注意事项】 注意与魏氏梭菌病、葡萄球菌病、泰泽氏病相鉴别。由于本病易产生抗药性，药物治疗时，应先进行药敏试验，选择高敏药物进行治疗。

十四、泰泽氏病

泰泽氏病主要是由毛样芽胞杆菌引起的急性传染病。其特征是严重腹泻、脱水和迅速死亡。

【病原】 毛样芽胞杆菌（图1-106），为严格的细胞内寄生菌，形态细长，革兰氏染色阴性，能形成芽孢，PAS（过碘酸锡夫氏）染色与姬姆萨染色着色良好。

【流行特点】 家兔和其他动物均可感染，经消化道感染。主要侵害6～12周龄兔，秋末至春初多发。过热、拥挤、饲养管理不当等应激会诱发本病。当应用磺胺类药物治疗其他疾病时，因干扰了胃肠道内微生物的生态平衡，也易导致本病的发生。

【临床症状】 本病发病急，以严重的水泻和后肢沾有粪便为特征（图1-107）。病兔精神沉郁，不食，迅速全身脱水而消瘦，于1～2天内死亡。少数耐过者，长期食欲不振，生长停滞。

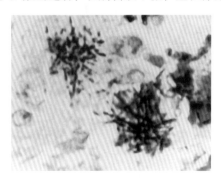

图1-106 毛样芽胞杆菌的形态：菌体细长，积聚成丛 （日·武藤）

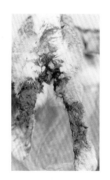

图1-107 腹泻：后肢被毛沾污大量稀粪（陈怀涛）

【剖检病变】 剖检病兔可见坏死性盲肠结肠炎，回肠后段与盲肠前段浆膜明显出血（图1-108、图1-109）、肝脏坏死灶形成（图1-110）及坏死性心肌炎（图1-111）。

图1-108 盲肠浆膜大片出血

（任克良）

图1-109 结肠浆膜出血，呈喷洒状，并见纤维素附着，肠壁水肿，肠腔内充满褐色水样粪便

（范国雄）

图1-110 肝脏表面和实质均见许多斑点状灰黄色坏死灶

（范国雄）

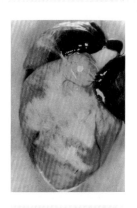

图1-111 心肌的大片灰白色坏死区，其界限较明显（↑）

（日·武藤）

【诊断要点】 ①6～12周龄幼兔较易感染发病，严重水泻，12～48小时死亡。②盲肠、结肠、肝脏与心脏有特征性病变。③肝脏、肠病部组织涂片，姬姆萨或PAS染色，在细胞质中可发现病原菌。

【预防】 加强饲养管理，注意清洁卫生，兔的排泄物要做发酵处理。消除各种应激因素，如过热、拥挤等。目前尚无疫苗预防。

【治疗】 ①患病早期用0.006%～0.01%土霉素供病兔饮用。也可用青霉素、链霉素联合肌内注射。②治疗无效时，应及时淘汰。

【诊治注意事项】 本病的诊断要依据腹泻、肠炎、肝脏与心脏坏死等特征，病原菌检查可以确诊。由于本病有腹泻症状，故注意与沙门氏菌病、大肠杆菌病及魏氏梭菌病相鉴别。注意土霉素的休药期。

十五、链球菌病

兔链球菌病是由溶血性链球菌引起的一种急性败血症传染病，主要危害幼兔，春、秋季节多发。

【病原】 为C群β型溶血性链球菌，革兰氏染色阳性，呈圆形或卵圆形，在病料中成对或组成长短不等的链状（图1-112）。

【流行特点】 病菌存在于许多动物和家兔的呼吸道、口腔及阴道中，在自然界分布很广。病兔和带菌兔是主要传染源，病菌随分泌物、排泄物污染饲料、用具、空气、饮水和周围环境，经健康兔的上呼吸道黏膜或扁桃体而传染。当各种应激因素使机体抵抗力下降时，也可诱发本病。主要侵害幼兔，发病不分季节，但以春、秋两季多见。

【临床症状】 病兔体温升高，不食，精神沉郁，呼吸困难，间歇性下痢（图1-113），常死于脓毒败血症。

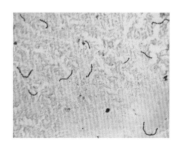 

图1-112 链球菌的形态　　　图1-113 病兔精神沉郁，下痢
（Gram×1000）　（陈怀涛）　　　　　　　　　（陈怀涛）

【剖检病变】 剖检病兔可见皮下组织浆液出血性炎症、卡他出血性肠炎、脾脏肿大等败血性病变（图1-114、图1-115），有的病例也可发生局部脓肿。

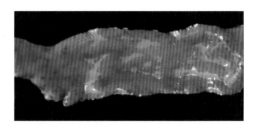

图 1-114 皮下组织充血、出血与水肿 （陈怀涛）

图 1-115 出血性肠炎：肠黏膜充血、出血、水肿 （陈怀涛）

【诊断要点】 根据症状、流行特点和病变可怀疑本病，确诊须进行病原菌分离鉴定。

【预防】 防止兔感冒，减少诱病因素。发现病兔应立即隔离，并进行药物治疗。

【治疗】 ①青霉素，每千克体重2万～4万单位，肌内注射，每天2次，连续3天。②红霉素，每只50～100毫克，肌内注射，每天2～3次，连用3天。③磺胺嘧啶钠，每千克体重0.2～0.3克，内服或肌内注射，每天2次，连用4天。

【诊治注意事项】 本病表现一般症状和病变，诊断时要综合考虑。由于有下痢和肠炎变化，故应注意与沙门氏菌病、泰泽氏病等相鉴别。

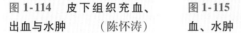

十六、嗜水气单胞菌病

嗜水气单胞菌病主要是水生动物的一种传染病，兔感染嗜水气单胞菌后也可感染发病。患病的特征为出血性盲肠炎和腹泻，粪便呈乳白色。

【病原】 嗜水气单胞菌属于弧菌科、气单胞菌属，为革兰氏阴性短杆菌，呈单个或成双排列存在，无荚膜，有运动力，兼性厌氧。

【流行特点】 本菌宿主范围十分广泛，变温动物、家禽、鸟类、哺乳动物（如兔、牛等）都可感染本菌并致败血症死亡。嗜水气单胞菌在自然界，尤其是在水中广泛分布。该菌可以单独或与其他致病菌混合感染，可以通过外伤经被污染的水源感染，能产生具有溶血性并引起败血症的外毒素，1～2月龄的幼兔最易感染。

【临床症状】 发病初期精神不好，食欲下降，随后出现腹泻，粪便呈乳白色，病兔很快死亡。

【剖检病变】　剖检可见肠道严重出血，特别是盲肠的浆膜和黏膜呈弥漫性出血（图1-116）。肝脏、肾脏瘀血（图1-117），心包有积液，心肌出血，肺瘀血。腹膜炎，腹水增多，腹腔内脏器官表面附有灰白色纤维素伪膜。肾脏贫血、肿大、松软。

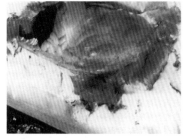

图1-116　结肠、盲肠弥漫性出　　　图1-117　皮下出血，肝脏瘀
血　　　　　　　　　　（鲍国连）　血、肿大　　　　　　　（鲍国连）

【诊断要点】　根据排出乳白色粪便、典型病理变化和细菌学检查结果可初步做出诊断。

【预防】　嗜水气单胞菌在自然界，尤其是在水中广泛存在，所以在饮水时应特别注意，尤其是饲喂养鱼的池塘水时更要小心，因为鱼类等变温动物对本菌十分敏感，鱼类在水中往往是本菌的带菌者而污染水源，兔饮了被污染的水可被感染。因此，应注意水质的检查和消毒。被病兔及病死兔污染的场所、用具等应进行彻底消毒。

【治疗】　可选用庆大霉素、环丙沙星、增效磺胺等药物。

【诊治注意事项】　1～2月龄的幼兔最易感染。注意与大肠杆菌病等疾病相鉴别。

十七、破伤风

破伤风又称强直症，是由破伤风梭菌经创伤感染所引起的一种人、畜共患传染病。病兔的特征表现为骨骼肌痉挛和肢体僵直。

【病原】　破伤风梭菌为一种大型、革兰氏阳性、能形成芽孢的厌氧性细菌。芽孢在菌体的一端，似鼓槌状或球拍状。本菌可产生多种毒素，其中痉挛毒素是引起强直症状的决定性因素。

【流行特点】 创伤是本病的主要传播途径。剪毛、刺号（或安装耳标）、咬伤、手术及注射时不注意消毒，常可因污染本菌的芽孢而发病。临床实践中，有些病例查不到伤口，可能是创伤已愈合，或可能经损伤的子宫、消化道黏膜感染。

【临床症状】 本病潜伏期为 4～20 天。病初，病兔食量减少，继而食欲废绝，瞬膜外露，牙关紧闭，流涎，四肢强硬，呈木马状（图 1-118～图 1-121），以死亡告终。

图1-118 病兔两耳直立，肌肉僵硬，四肢强直，呈"木马状"，站立不稳 （董仲生）

图1-119 瞬膜外露 （任克良）

图1-120 病兔流涎，牙关紧闭 （任克良）

图1-121 眼球凸出，两耳竖立，肢体僵硬，似木马 （任克良）

【剖检病变】 病兔剖检无特异病变，仅见因窒息缺氧所致的病变，如血液凝固不良，呈黑紫色，肺瘀血、水肿，黏膜和浆膜散布数量不等的小出血点。

【诊断要点】 ①根据特征症状和外伤病史，一般可做出初步诊断。②当症状不明显时，可在创伤深部采取病料，涂片染色，检查破伤风梭菌。

【预防】 兔舍、兔笼及用具要保持清洁卫生，严防尖锐物刺伤兔体。剪毛时避免损伤皮肤。一旦发生外伤，要及时处理，防止感染。手术、刺号（安装耳标）及注射时要严格消毒。对较大、较深的创伤，除做开放扩创处理外，还应肌内注射破伤风抗毒素 1 万~3 万单位。

【治疗】 ①破伤风抗毒素，每天 1 万~2 万单位，静脉注射，连用 2~3 天。②青霉素，每天 20 万单位，肌内注射，分 2 次注射，连用 2~3 天。③葡萄糖、氯化钠，每只 50 毫升，静脉注射，每天 2 次。

【诊治注意事项】 正确扩创处理，严防创伤内厌氧环境的形成，是防止本病发生的重要措施之一。本病为人、畜共患传染病，要注意个人卫生防护。

十八、附红细胞体病

附红细胞体病简称附红体病，是由附红细胞体所引起的一种急性、致死性人、畜共患传染病。家兔也可感染发病，其特征是发热、贫血、出血、水肿与脾脏肿大等。

【病原】 附红细胞体是一种多形态微生物，多为环形、球形和卵圆形，少数为顿号形和杆状。

【流行特点】 本病可经直接接触传播。吸血昆虫如扁虱、刺蝇、蚊、蜱等以及小型啮齿动物是本病的传播媒介。各种年龄兔均易感。一年四季均可发生，但以吸血昆虫大量繁殖的夏、秋季节多见。

图 1-122　病兔精神不振，四肢无力，头着地　　（任克良）

【临床症状】 本病以 1~2 月龄幼兔受害最严重，成年兔症状不明显，常呈带菌状态。病兔四肢无力，精神沉郁，运动失调（图 1-122），最后因贫血、消瘦、衰竭而死亡。

【剖检病变】 剖检病兔可见腹肌出血（图1-123），腹腔积液，脾脏肿大（图1-124），膀胱充满黄色尿液。有的病例可见黄疸、肝脏脂肪变性，胆囊胀满（图1-125），肠系膜淋巴结肿大（图1-126）等。

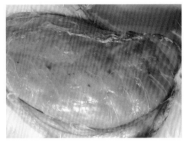

图1-123 腹肌出血 （谷子林）

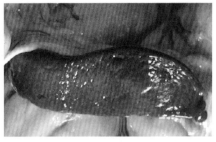

图1-124 脾脏肿大，呈暗红色
（谷子林）

图1-125 胆囊胀大，充满胆汁
（谷子林）

图1-126 肠系膜淋巴结肿大
（谷子林）

【诊断要点】 ①本病多见于吸血昆虫大量繁殖的夏、秋季节。②有发热、贫血、消瘦等症状和病理变化。③取血涂片、染色，镜检附红体及被感染的红细胞形态（图1-127）。

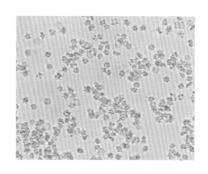

图 1-127　变形的红细胞形态：
红细胞表面附有红细胞体，故红
细胞变形且红细胞不整，边缘呈
锯齿状　　　　　　（谷子林）

【预防】　成年兔是带菌者，所以购入种兔时要严格进行检查。消除各种应激因素对兔体的影响，夏、秋季节防止昆虫叮咬。

【治疗】　①新胂凡纳明，每千克体重 40 ~ 60 毫克，以 5% 葡萄糖溶液溶解成 10% 注射液，静脉缓慢注射，每天 1 次，隔 3 ~ 6 天重复用药 1 次。②四环素，每千克体重 40 毫克，肌内注射，每天 2 次，连用 7 天。③土霉素，每千克体重 40 毫克，肌内注射，每天 2 次，连用 7 天。血虫净（贝尼尔）、氯苯胍等也可用于本病的治疗。贝尼尔 + 多西环素或贝尼尔 + 土霉素按说明用药，具有良好的效果。

【诊治注意事项】　本病为人、畜共患病，诊治时应注意个人卫生防护。本病主要症状为贫血、发热、精神不振等一般症状，因此必须认真检查，并结合剖检做出诊断。

第二章

病毒性传染病

一、兔病毒性出血症

兔病毒性出血症（RHD）俗称兔瘟、兔出血症，是由兔病毒性出血症病毒引起家兔的一种急性、高度致死性传染病，对养兔生产危害极大。本病的特征为病兔生前体温升高，死后呈明显的全身性出血和实质器官变性、坏死。

【病原】　兔病毒性出血症病毒（RHDV），是一种新发现的病毒，具有独特的形态结构（图2-1）。该病毒具有凝集红细胞的能力，特别是人的 O 型红细胞。2010 年，在法国的家兔和野兔中发现了一种新的兔出血症病毒变体，命名为 RHDV2，引发新型兔瘟（nRHD）。研究显示 RHDV2 与传统的 RHDV 在其抗原形态和遗传特性方面存在差异。

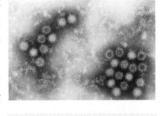

图2-1　兔病毒性出血症病毒颗粒的形态（×200000）

（刘胜旺）

【流行特点】　本病自然感染只发生于兔，其他畜禽不会染病。各类型兔中以毛用兔最为敏感，如獭兔、肉兔次之。同龄公、母兔的易感性无明显差异，但不同年龄家兔的易感性差异很大，青年兔和成年兔的发病率较高，但近年来，断奶幼兔发病病例也呈增高趋势。仔兔一般不发病。本病一年四季均可发生，但春、秋两季更易流行。病兔、死兔和隐性传染兔为主要传染源，以呼吸道、消化道、伤口和黏膜为主要感染途径。此外，新疫区比老疫区病兔死亡率高。新型兔瘟可引起家兔和野兔发病，未断奶兔也易发，死亡率5% ~70% 。

【临床症状】　最急性病例突然抽搐尖叫几声后猝死，有的在进食时突然死亡。急性病例体温升到41℃以上，精神萎靡，不喜动（图2-2），食欲减退或废绝，饮水增多，病程12 ~48 小时，死前表现呼吸急促，兴奋，挣扎，狂奔，啃咬兔笼，全身颤抖，体温突然下降，有的尖叫几声后死亡，有的鼻孔流出泡沫状血液（图2-3、图2-4），有的口腔或耳内流出红色泡沫样液体（图2-5）。肛门松弛，周围被少量浅黄色胶样物沾污（图2-6、图2-7）。慢性的少数可耐过，之后康复。新型兔瘟多表现亚急性或慢性感染，多数出现黄疸，尤其皮下。

图2-2 感染兔有的精神沉郁，伏地不动
（任克良）

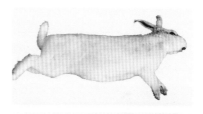

图2-3 尸体不显消瘦、四肢僵直，鼻腔流出鲜红色血液 （任克良）

图2-4 鼻腔内有泡沫样血液 （任克良）

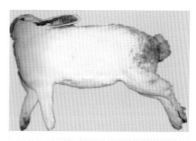

图2-5 耳朵内流出血样液体
（任克良）

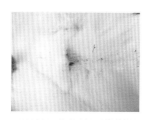

图2-6 肛门粘有浅黄色黏液 （任克良）

图2-7 病兔排出黏液性粪便 （任克良）

【剖检病变】 剖检病兔见气管内充满血液，黏膜出血，呈明显的气管环（图2-8、图2-9）。肺充血、有点状出血（图2-10、图2-11）。胸腺、心外膜、胃浆膜、肾脏、肝脏、淋巴结、肠浆膜等组织器官均明显出血，实质器官变性（图2-12～图2-20）。脾脏瘀血、肿大（图2-21）。肝脏肿大且出血、胆囊充盈（图2-22、图2-23）。膀胱积尿，充满黄褐色尿液（图2-24）。脑膜血管充血怒张并有出血斑点（图2-25）。组织检查，肺、肾脏等器官发现微血栓形成，肝脏、肾脏等实质器官细胞明显坏死（图2-26）。新型兔瘟胸腹腔有大量血样渗出物，肝脏呈灰白色、肿大，并伴有黄疸，肺脏出血，气管充血、出血，小肠肠道绒毛有局灶性坏死。

图2-8 气管黏膜出血、潮红
（任克良）

图2-9 气管内充满血液样泡沫
（任克良）

图2-10 肺有大小不等的出血斑点 （任克良）

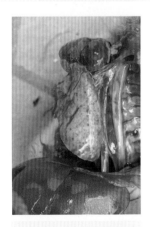

图2-11 肺上有鲜红的出血斑点 （任克良）

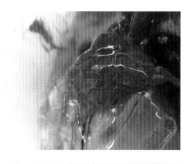

图 2-12 胸腺水肿、有小的出血点
（任克良）

图 2-13 心外膜出血 （任克良）

图 2-14 胃浆膜散在大量出血点
（任克良）

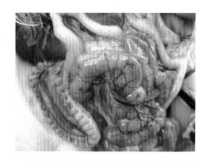

图 2-15 小肠浆膜出血 （任克良）

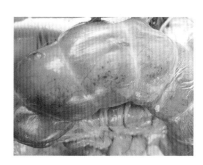

图 2-16 盲肠浆膜出血 （任克良）

图 2-17 肾脏点状出血 （任克良）

图2-18　肠浆膜有大量出血斑点
　　　　　　　　　　　（陈怀涛）

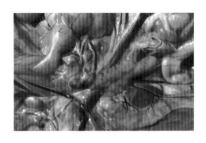

图2-19　肠系膜淋巴结肿大、出血
　　　　　　　　　　　（陈怀涛）

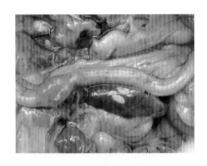

图2-20　直肠浆膜有出血斑点
　　　　　　　　　　　（任克良）

图2-21　脾脏瘀血、肿大，呈黑紫色　　　　　　　（任克良）

图2-22　肝脏肿大、色黄，有出血斑点　　　　　（任克良）

图2-23　胆囊胀大，充满胆汁，肝脏变性、色黄　　（任克良）

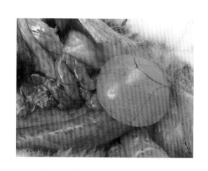

图2-24　膀胱内充满黄褐色尿液
（任克良）

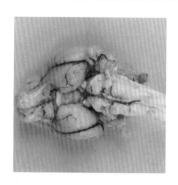

图2-25　脑膜血管充血怒张
并有出血斑点　（王永坤）

【诊断要点】　①青年兔与成年兔的发病率、死亡率高。月龄越小发病越少，仔兔一般不感染。本病一年四季均可发生，多流行于冬、春季。②主要呈全身败血性变化，以多发性出血最为明显。③确诊需做病毒检查鉴定、血凝试验和血凝抑制试验。

【预防】　①定期注射兔瘟组织灭活疫苗。30～35日龄用兔瘟单联苗或瘟巴二联苗，每只皮下注射2毫升。60～65日龄时加强免疫一次，皮下注射1毫升。以后每隔5.5～6个月注射

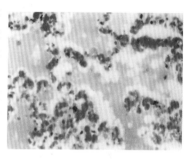

图2-26　肺瘀血、水肿，肺泡隔毛血管有大量微血栓形成
（徐福南）

1次。②禁止从疫区购兔。③严禁收购肉兔、兔毛、兔皮等商贩进入生产区。④病死兔要深埋或焚烧，不得乱扔。使用的一切用具、排泄物均需1%氢氧化钠溶液消毒。传统兔瘟疫苗不能很好保护新型兔瘟，目前，西班牙已研制出新型兔瘟疫苗，效果良好。

【治疗】　本病无特效药物，可使用抗兔瘟高免血清，一般在发病后尚未出现高热症状时使用。若无高免血清，应对未表现临床症状兔进行兔瘟疫苗紧急接种，剂量2～4倍，一兔用一针头。

【诊治注意事项】　目前兔瘟流行趋于低龄化，病理变化趋于非典

型化，多数病例仅见肺、胸腺、肾脏等脏器有出血斑点，其他脏器病变不明显。发生本病用疫苗进行紧急预防接种后，短期内兔群死亡率可能有升高的情况。本病应注意与急性巴氏杆菌病相鉴别。目前，我国尚未发现新型兔瘟病例，因此，国外引种时，要严格检疫。

二、兔传染性水疱口炎

兔传染性水疱口炎俗称流涎病，是由水疱口炎病毒引起的一种急性传染病。其特征是口腔黏膜形成水疱且伴有大量流涎。发病率和死亡率较高，幼兔死亡率可达50%。

【病原】 兔传染性水疱口炎病毒，主要存在于病兔的水疱液、水疱及局部淋巴结中。

【流行特点】 病兔是主要的传染源。病毒随污染饮水经口、唇、齿龈和口腔黏膜而侵入，吸血昆虫的叮咬也可传播本病。饲养管理不当，饲喂发霉变质或带刺的饲料，引起黏膜损伤，更易感染。本病多发于春、秋季节，主要侵害1～3月龄的仔、幼兔，青年、成年兔发病率较低。

【临床症状与剖检病变】 口腔黏膜发生水疱性炎症，并伴随大量流涎（图2-27）。病初病兔体温正常或升高，口腔黏膜潮红、充血，随后出现粟粒至扁豆大的水疱。水疱破溃后形成溃疡。流涎使颌下、胸前和前肢被毛粘成一片，发生炎症、脱毛（图2-28、图2-29）。如继发细菌性感染，常引起唇、舌、口腔黏膜坏死，恶臭气味。病兔食欲下降或废绝，精神沉郁，消化不良，常发生腹泻，日渐消瘦，虚弱或死亡。幼兔死亡率高，青年兔、成年兔死亡率较低。

图2-27 病兔大量流涎，沾湿下颌、嘴角和颜面部被毛
（任克良）

【诊断要点】 ①主要危害1～3月龄的幼兔，其中断奶1～2周龄的幼兔最常见，成年兔发病少，本病常发生于春、秋季。②可根据大量流涎和口腔黏膜的结节、水疱与溃疡做出诊断。③必要时进行病毒鉴定。

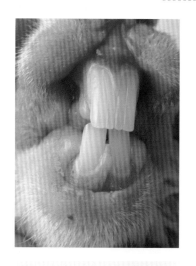

图2-28 下唇和齿龈黏膜有不
规则的溃疡　　　　（任克良）

图2-29 齿龈和唇黏膜充血，有
结节和水疱形成　　（陈怀涛）

【预防】　经常检查饲料质量，严禁用粗糙、带芒刺饲草饲喂幼兔。
发现流涎的兔，及时隔离治疗，并对兔笼、用具等用2%氢氧化钠溶液
消毒。

【治疗】　①可用青霉素粉剂涂于口腔内，剂量以火柴头大小为宜，
一般一次可治愈。当剂量大时易引起兔死亡。②先用防腐消毒液（如1%
盐水或0.1%高锰酸钾溶液等）冲洗口腔，然后涂擦碘甘油、明矾与少量
白糖的混合剂，每天2次。全身治疗可内服磺胺二甲嘧啶，每千克体重
0.2～0.5克，每天1次。③对可疑病兔喂服磺胺二甲嘧啶，剂量减半。

【诊治注意事项】　本病的诊断比较容易，但注意与坏死杆菌病、
兔痘相鉴别。治疗最好局部与全身兼治，疗效较好。

三、兔轮状病毒病

兔轮状病毒病是由轮状病毒引起仔兔的一种肠道传染病，其临床特
征为腹泻与脱水。

【病原】　轮状病毒颗粒的形态略呈圆形，为具有双层衣壳的RNA病
毒，直径为65～76纳米（图2-30）。

【流行特点】 本病主要侵害2～6周龄的仔兔，尤以4～6周龄仔兔最易感，发病率和死亡率最高。成年兔多呈隐性感染，发病率高，死亡率低。在新发生的兔群常突然暴发，且迅速传播。兔群一旦发生本病，随后将每年连续发生。感染途径为消化道。病兔

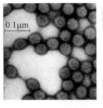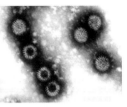

图 2-30　电子显微镜下轮状病毒粒子呈车轮状

或带毒兔的排泄物含有大量病毒。健康兔因食入被污染的饲料、饮水或哺乳而感染发病。

【临床症状】 病兔表现昏睡、食欲下降或废绝。排出半流体或水样粪便，后臀部沾有粪便。多数于腹泻后2天内死亡，病死率可达40%。青年兔、成年兔常呈隐性感染而带毒，多数不表现症状。

【剖检病变】 病死兔剖检，空肠、回肠黏膜充血、水肿，肠内容物稀薄，镜检见绒毛呈多灶性融合和中度缩短或变钝，肠细胞扁平。有些肠段的黏膜固有层和黏膜下层轻度水肿。

【诊断要点】 根据本病流行特点、症状、病变及治疗试验（抗生素疗效不佳）可做出倾向性诊断。

【预防】 本病目前尚无有效的疫苗与治疗方法，因此重点应在于预防。加强饲养管理，注意兔舍卫生，给予仔兔充足的初乳和母乳。

【治疗】 以纠正体液、电解质平衡失调，防止继发感染为原则。用轮状病毒高免血清治疗，每千克体重皮下注射2毫升，每天1次，连用3天。

【诊治注意事项】 注意与魏氏梭菌病、大肠杆菌病和球虫病相鉴别。兔场一旦流行此病一般很难根治，以后每年都会发生。

四、兔　痘

兔痘是由兔痘病毒引起家兔的一种急性、热性、高度接触性传染病，其特征是皮肤、口鼻黏膜及腹膜、内脏器官形成痘疹。幼兔和妊娠母兔发病后致死率较高。

【病原】 病原为兔痘病毒。病毒存在于病兔的全身组织器官，以肾上腺和肾脏含量最高。病兔的分泌物和排泄物中含有大量病毒。

【流行特点】 只有家兔能自然感染本病，发病不分年龄，但幼兔和妊娠母兔的死亡率最高。病兔鼻、眼等分泌物含有大量病毒，主要经消化道、呼吸道、伤口、交配感染。消灭并隔离病兔仍不能防止本病在兔群中流行，康复兔不带毒。

【临床症状与剖检病变】 潜伏期，新疫区 2～9 天，老疫区 2 周。

（1）痘疱型 病兔体温升高，不食，流鼻涕；淋巴结（特别是腘淋巴结和腹股沟淋巴结）、扁桃体肿大；皮肤出现痘疹病变，表现为红斑、丘疹坏死和出血（图 2-31）。有的病兔发生结膜炎、外生殖器官炎、支气管肺炎、流产和神经症状。感染后 1～2 周死亡。剖检见病兔皮肤、口腔黏膜及腹膜、内脏器官的痘疹病变。

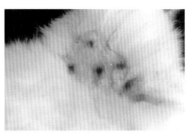

图 2-31 皮肤痘疹，已干燥坏死结痂 　　　　　　（陈怀涛）

（2）非痘疱型 多无典型痘疹变化，但常见胸膜炎、肝脏坏死灶、脾脏肿大、睾丸水肿与出血以及肺和肾上腺有灰白色小结节。

【诊断要点】 ①根据流行特点、症状、皮肤与黏膜的痘疹病变，结合肺、肝脏、脾脏、胆囊黏膜、淋巴结、腹膜和网膜的痘疹结节病变可做出诊断。②必要时进行病毒鉴定。

【防治】 本病目前尚无有效防治措施。加强日常卫生防疫工作，避免引入传染源。当兔受到本病威胁时，可用牛痘苗进行紧急预防接种。

【诊治注意事项】 口腔病变应注意与传染性水疱口炎相鉴别。

五、兔乳头状瘤病

兔乳头状瘤病是由病毒引起的一种肿瘤性疾病，其特征为局部皮肤呈乳头状生长。

【病原】 病原为乳头状瘤病毒属的乳头瘤病毒。

【流行特点】 此肿瘤原发于野生棉尾兔，具传染性。

【临床症状与剖检病变】 本病具有传染性，兔群中如有一只患病，则乳头状瘤可长期存在，并能发生恶性变化，引起死亡。病兔在皮肤（头、颈、乳腺、腹、背、四肢、肛门等部）或口腔黏膜（主要在舌腹面）形成肿瘤。当肿瘤位于皮肤时，其呈黑色或暗灰色，表面有厚层角质（图2-32）；在口腔时，本瘤多位于舌腹面，色灰白，呈结节状，表面光滑，较大时形似花椰菜状。

【诊断要点】 ①根据肿瘤发生部位、病理特征（皮肤或口腔黏膜的乳头状瘤形成）和传染性可做出初步诊断。②确诊应依据病毒分离与鉴定。

图2-32 口周皮肤有多发性乳头状瘤生长，有的表面出血、发炎

（甘肃农业大学兽医病理室）

【防治措施】 控制传染源，消灭昆虫等传播媒介，严格执行兽医卫生防疫制度。

【诊治注意事项】 炎热季节做好兔舍蚊蝇消灭工作。

六、兔黏液瘤病

兔黏液瘤病是由黏液瘤病毒引起的一种高度接触性、致死性传染病。其特征为全身皮下，尤其是头面部和天然孔周围皮下发生黏液瘤性肿胀。

【病原】 病原是黏液瘤病毒。不同病株所致病变不尽相同。

【流行特点】 自然条件下只感染家兔和野兔，病兔是主要的传染源，健康兔与病兔或其污染的饲料、用具、饮水等接触即可感染。但主要传播方式是以节肢动物特别是蚊虫和跳蚤等吸血昆虫为媒介。一年四季均可发生，但在蚊虫大量滋生的季节多发。

【临床症状与剖检病变】 最急性：出现眼睑肿胀后1周内死亡。

急性：感染后 6～7 天出现全身性肿瘤，眼睑肿胀，黏液脓性结膜炎（图 2-33），8～15 天死亡。慢性：轻度水肿及少量鼻漏和眼垢，还有界限明显的结节，表现症状较轻，死亡率低。本病最突出的病变是皮肤肿瘤和皮下显著水肿，尤其是颜面部和天然孔周围的肿胀（图 2-34）。组织检查，可见典型的黏液瘤病的病理变化（图 2-35）。

【诊断要点】 根据皮肤黏液瘤的眼观和组织学病变可做出初步诊断，如要确诊应分离黏液瘤病毒。

图 2-33 眼睑肿胀，鼻孔周围皮肤肿胀，鼻塞，呼吸困难

（西班牙 HIPRA，S. A 实验室）

图 2-34 兔耳肿胀，耳部和头部皮肤有不少黏液瘤结节，同时尚有继发性结膜炎

（J. M. V. M. Mouwen 等，《兽医病理彩色图谱》）

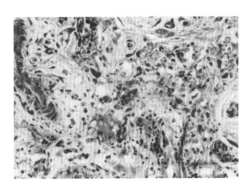

图 2-35 黏液瘤的组织结构：瘤组织主要由大小不等的多角形与梭形瘤细胞构成，细胞间为淡染的无定形基质和散在的中性粒细胞，胶原纤维稀疏，血管内皮与外膜细胞

（J. M. V. M. Mouwen 等，《兽医病理彩色图谱》）

【预防】①加强检疫，严禁从有本病的国家进口兔和未经消毒的兔产品，以防本病传入。一旦发生本病，立即扑杀处理，并彻底消毒。②严防野兔进入饲养场。③做好兔场清洁卫生工作，防止吸血昆虫叮咬家兔。④用黏液瘤病毒灭活菌苗进行预防注射。

【诊治注意事项】我国目前尚未发现本病的发生，为此从国外引种时要严格检疫，防止本病传入我国。

七、兔纤维瘤病

兔纤维瘤病是由兔纤维瘤病毒引起家兔和野兔的一种良性肿瘤病。其特征为皮下或黏膜下结缔组织形成结块状纤维瘤。

【病原】兔纤维瘤病毒为双股DNA病毒，病毒颗粒呈砖形。

【流行特点】一般只有家兔和野兔具有易感性。主要通过间接接触而感染，不经过胎盘及乳汁而引起垂直传播。自然界中，蚊子、跳蚤等吸血昆虫可以参与传播本病。本病一般为良性经过，病兔康复后具有免疫力，对黏液瘤病也有抵抗力。

【临床症状】自然感染病兔，食欲正常，精神良好，多在腿、脚、面部或其他部位皮下形成坚实的结节或团块状圆形肿瘤（图2-36），肿瘤单发或多发，常具滑动性。有的病兔外生殖器官充血、水肿。一般成年兔的肿瘤为良性经过，但幼兔也可引起死亡。

【剖检病变】剖检病兔可见位于皮下的肿瘤质硬，大小不等，界限较明显，一般无炎症或坏死反应（图2-37）。组织学检查，肿瘤主要是由梭状的纤维瘤细胞组成的（图2-38）。

图2-36　病兔鼻孔上方发生的一个圆块状纤维瘤　（耿永鑫）

【诊断要点】①吸血昆虫繁殖季节多发。②根据症状和病理变化可做出初步诊断，确诊需做病理切片，或对易感兔进行病料接种实验。

【预防】引入种兔应严格检疫，隔离观察，证明无病后方可入群饲养。杜绝病原传入并防止野兔及吸血昆虫进入兔舍。发现病兔立即扑杀，尸体深埋或焚烧，兔舍、兔笼、用具等严格消毒。流行区兔群可用兔纤维瘤病毒疫苗进行免疫接种。

图 2-37　纤维瘤呈结节状（皮肤已剥除），右图为肿瘤切面，可见界限明显，丝状纹理　　　（陈怀涛）

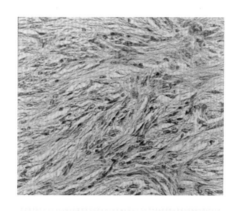

图 2-38　兔纤维瘤病：瘤组织主要由大小比较一致的长条状、梭状瘤细胞组成，胶原细胞较多，细胞与纤维成束交织　　　（陈怀涛）

【诊治注意事项】　本病一般为良性经过，病兔康复后具有免疫力，对黏液瘤病也有抵抗力。

第三章

真菌性传染病

一、毛癣菌病

　　毛癣菌病是由致病性皮肤癣真菌感染表皮及其附属结构（如毛囊、毛干）而引起的疾病，其特征为皮肤局部脱毛、形成痂皮甚至溃疡。除兔外，本病也可感染人、多种畜禽以及野生动物。兔群一旦感染，很难彻底治愈，是目前危害兔业发展的主要疾病之一。

　　【病原】　须发毛癣菌是引起毛癣菌病最常见的病原体，石膏状小孢菌、犬小孢子菌等也可引起（图 3-1 ~ 图 3-3）。

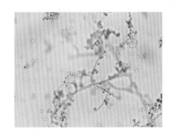

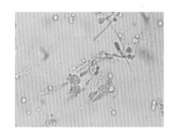

图 3-1　须发毛癣菌形态　　　　　图 3-2　石膏状小孢菌形态
（×1000）（高淑霞、崔丽娜）　　　（×1000）（高淑霞、崔丽娜）

　　【流行特点】　本病多由引种不当所致。引进的隐形感染者（青年兔或成年兔）不表现临床症状，待配种产仔后，仔兔哺乳被感染发病，青年兔可自愈，但常为带菌者（图 3-4）。

　　【临床症状与剖检病变】　仔兔多因吸奶而被带菌母兔感染，之后同窝仔兔相继或同时发生，病初感染部位发生在头部，如嘴周围、鼻部、面部、眼周围、耳朵及颈部等皮肤，继而感染肢端、腹下和其他部位，患部皮肤形成不规则的块状或圆形、椭圆形脱毛与断毛区，覆盖一层灰白色糠麸状痂皮（图3-5～图3-14），并发生炎性变化，有时形成溃疡。病兔剧痒，骚动不安，采食下降，逐渐消瘦，或继发感染使病情恶化而死亡。本病虽可自愈，但自愈兔成为带菌者，严重影响其生长及毛皮质量。

图3-3　犬小孢子菌形态
（×1000倍）
　　　　（高淑霞、崔丽娜）

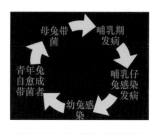

图3-4　毛癣菌病的感染
方式

图3-5　母兔乳头周围脱毛，起痂皮　　　（任克良）

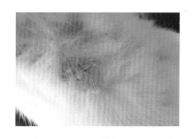

图3-6　母兔乳头起灰黄色痂皮　　　　　　（任克良）

图3-7　颜面部、眼周围脱毛、充血、起痂　（任克良）

图3-8　同窝兔同时感染发病
　　　　　　　（任克良）

图 3-9　口、眼、耳处脱毛、起痂、感染　　　　　（任克良）

图 3-10　口与眼周病变：嘴与鼻周、眼周脱毛、充血、起痂　　　　　　　　（任克良）

图 3-11　颜面部、眼周围、耳部脱毛，有痂皮　　　（任克良）

图 3-12　眼圈、肢部及腹部发生脱毛、充血区，并有痂皮形成　　　　　（任克良）

图 3-13　背部、腹侧有界限明
显的片状脱毛区，皮肤上覆盖一
层白色糠麸样痂皮　　（任克良）

图 3-14　肛门周围形成痂皮
　　　　　　　　　（任克良）

【诊断要点】　①有从感染本病兔群引种史。②仔、幼兔易发，成
年兔常无临床症状但多为带菌者，成为兔群感染源。③皮肤有特征病变。
④刮取皮屑检查，发现真菌孢子和菌丝体即可确诊。不同的病原体菌落
表现各异（图 3-15 ~ 图 3-17）。

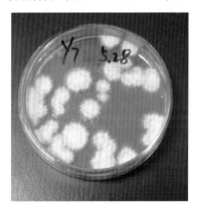

图 3-15　须发毛癣菌菌落
　　　（高淑霞、崔丽娜）

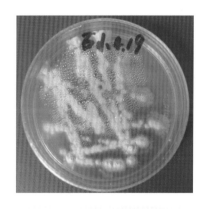

图 3-16　石膏状小孢菌菌落
　　　（高淑霞、崔丽娜）

【预防】　兔场引种要慎重。对供种场兔群尤其是仔、幼兔要严格
检查，确信为无病的方可引种。引种时必须隔离观察至第一胎仔兔断奶，
确认出生后的仔兔无本病发生，才能将种兔混入兔群饲养。一旦发现兔

群有可疑病兔，立即隔离治疗，最好淘汰处理，并对所在环境进行全面彻底消毒。

【治疗】　由于本病传染快，治疗效果虽然较好但易复发，目前尚未有有效的治疗方法，为此，笔者强烈建议以淘汰为主。对初生仔兔全身涂抹克霉唑制剂可以有效预防仔兔的发生。局部治疗先用肥皂或消毒药水涂擦，以软化痂皮，将痂皮去掉，然后涂擦 2% 咪康唑软膏或益康唑霉菌软膏等，每天涂 2 次，连涂数天。

全身治疗：口服灰黄霉素，按每千克体重 25～60 毫克，每天 1 次，连服 15 天，停药 15 天再用 15 天。

【诊治注意事项】　本病可传染给人，尤其是小孩、妇女，因此应注意个人防护工作（图 3-18）。注意与螨病相鉴别。螨病各种年龄兔均可发生，发生部位主要在耳内（痒螨）、耳边缘和爪部等，使用伊维菌素等药物治疗效果明显。毛癣菌病主要感染仔、幼兔，各种部位均可感染，治疗后易复发。

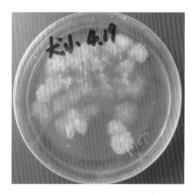

图 3-17　犬小孢子菌菌落
（高淑霞、崔丽娜）

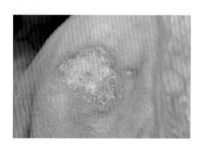

图 3-18　人手背感染毛癣菌病：
充血，起痂皮　　（任克良）

 二、曲霉菌病

曲霉菌病主要是由烟曲霉引起家兔的一种深部霉菌病。其特征是呼吸器官（尤其是肺和支气管）发生霉菌性炎症，以幼龄兔最为常见。

【病原】　病原主要为烟曲霉，有时为黑曲霉。霉菌及其孢子中的毒素是致病的主要原因。霉菌和产生的孢子广泛存在于稻草、谷物、木屑、发霉的饲料、地面、用具和空气中。

【流行特点】 幼龄兔对烟曲霉比较敏感，常成窝发生，成年兔很少发生。产窝内垫草潮湿、闷热、通风不良等因素极易产生烟曲霉孢子，这是引起本病的主要传染源。产窝严重污染时仔兔出生后不久即可感染。发霉饲料也可引起本病。

【临床症状】 急性病例很少见，多见于仔兔，常成窝发生。慢性病例时病兔逐渐消瘦，呼吸困难，且日益加重，症状明显后几星期内死亡。

【剖检病变】 剖检病兔时，在肺部可见粟粒大的圆形结节，其中为干酪样物，周围为红晕；或在肺中形成边缘不整齐的片状坏死区（图3-19、图3-20）。

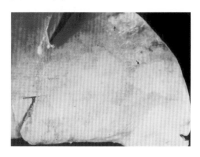

图3-19 肺表面见大小不等的灰黄色病变区（↑），其边缘不整齐，附近肺组织充血、色红

（佘锐萍）

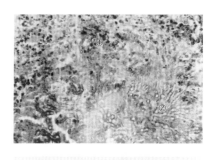

图3-20 霉菌性肺炎的组织变化：①肺组织坏死；②霉菌菌丝和孢子

（陈怀涛）

【诊断要点】 ①仔兔呈全窝发病，仅依据临床症状难以确诊。②确诊需做组织切片，并取样检查曲霉菌。

【预防】 本病以预防为主。放入产箱内的垫料应清洁、干燥，不含霉菌孢子；不喂发霉饲料；兔舍内保持干燥、通风。

【治疗】 本病目前尚无有效的治疗方法。可试用两性霉素B或克霉唑。

【诊治注意事项】 本病症状不特异，故病兔生前诊断须慎重，死后可用病理组织学诊断或病原学检查。

第四章

其他传染病

👉 一、密螺旋体病 👈

兔密螺旋体病俗称兔梅毒，是由兔密螺旋体引起成年兔的一种慢性传染病。

【病原】 兔密螺旋体为呈革兰氏染色阴性的细长螺旋形微生物。病原主要存在于病兔的病组织中，由于染色不良而常用印度墨汁、姬姆萨、碳酸复红与镀银染色法，如姬姆萨染色呈玫瑰红色。本病原微生物只感染兔，其他动物不受感染。

【流行特点】 本病只发生于家兔和野兔，病原体主要存在于病变部组织，主要通过配种经生殖器官传播，故多见于成兔，青年兔、幼兔很少发生。育龄母兔发病率比公兔高，放养兔比笼养兔发病率高，发病的兔几乎无一死亡。

【临床症状与剖检病变】 本病潜伏期为 2 ~ 10 周。病兔精神、食欲、体温均正常，主要病变为母兔阴唇、肛门皮肤和黏膜发生炎症、结节和溃疡。公兔阴囊水肿，皮肤呈糠麸样。阴茎水肿，龟头肿大，睾丸也会发生病变（图4-1 ~ 图4-3）。通过搔抓病部，可将其分泌物中的病原体带至其他部位，如鼻、唇、眼睑、面部、耳等处（图4-4）。慢性者导致患部呈干燥鳞片状病变，被毛脱落。腹股沟与腘淋巴结肿大。母兔病后失去配种能力，受胎率下降。

【诊断要点】 ①成年兔多发，放养兔较笼养兔易发，发病率高，但几乎无死亡。②根据外生殖器官的典型病变可做出初步诊断，确诊应依据病原体的检出。

【预防】 定期检查公、母兔外生殖器官，对病兔或可疑兔停止配种，隔离治疗。重病者淘汰，并用1% ~ 2%氢氧化钠溶液或3%来苏儿对兔笼及周边环境、用具进行消毒。引进的种兔，隔离饲养1个月，确认无病后方可入群。

图4-1　龟头与包皮红肿　（陈怀涛）

图4-2　阴茎肿胀，其皮肤上有结节、坏死病变　（任克良）

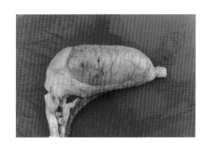

图4-3　睾丸肿大、充血、出血，并有黄色坏死灶　（陈怀涛）

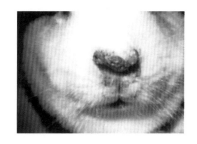

图4-4　鼻、唇部皮肤发炎并结痂

【治疗】　新砷凡纳明，每千克体重40～60毫克，用生理盐水配成5%溶液，耳静脉注射。一次不能治愈者，间隔1～2周重复1次。配合青霉素，效果更佳，青霉素每千克体重2万～4万单位，每天2次肌内注射，连用3～5天。局部可用2%硼酸溶液、0.1%高锰酸钾溶液冲洗后，涂擦碘甘油或青霉素软膏。治疗期间停止配种。

【诊治注意事项】　注意与外生殖器官一般炎症、疥螨病相鉴别。用新砷凡纳明进行静脉注射时，切勿漏出血管外，以防引起坏死。

二、流行性腹胀病

流行性腹胀病，是由许多致病因素（如饲养管理不当、气候多变等）引起的、以食欲下降或废食、腹部膨大、迅速死亡等为特征的胃肠道疾病。近年来，此病发生呈大幅上升的趋势，对养兔业造成严重经济损失。

【病因】 目前，病因尚不清楚，但与以下因素有关。①饲养管理不当，包括饲料配方不当，如精料过多、粗纤维不足；饲喂量过多，不定时定量；突然更换饲料配方；饲料霉变等。②气候多变，兔舍温度低，或忽高忽低。③感染一些病原菌，如 A 型魏氏梭菌、大肠杆菌、沙门氏菌等。

【临床症状】 断奶至 3 月龄的兔多发，病初食欲下降，精神不振，卧于一角，不愿走动，渐至不吃料，腹胀（图4-5）。粪便起初变化不大，后期粪便渐少，病后期以拉黄色、白色胶冻样黏液为主。部分兔死前少量腹泻，有的甚至无腹泻表现而死。摇动兔体，有响水声（系由胃、肠内容物呈水样所致）。腹部触诊，前期较软，后期较硬，部分兔腹内无硬块。

【剖检病变】 剖检见死兔腹部膨大。胃胀，胃内容物稀薄或呈水样，小肠内有气体和液体（图4-6～图4-9）。盲肠内充气，内容物较多，有的质地较硬甚至干硬成块状（图4-10）。结肠至直肠多数充满胶冻样黏液。膀胱充盈。

图4-5 病兔精神不振，腹胀
（任克良）

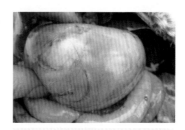

图4-6 胃膨大 （任克良）

图4-7 胃内容物稀薄 （任克良）

图4-8 胃内容物呈水样
（任克良）

图4-9 小肠内充满气体和
黏液 　　　　　（任克良）

图4-10 盲肠壁菲薄，内有较硬
内容物 　　　　（任克良）

【诊断要点】 ①断奶至3月龄兔易发病。②气候、环境和饲料配方、饲喂制度等变化。③腹胀等症状及胃、肠等特征性病变。

【预防】 ①注意饲料配方和饲料质量。配方要合理、饲料无霉变、配方保持相对稳定。幼兔饲喂要定时定量。②加强管理。断奶时原笼饲养。兔舍温度要保持恒定，切忌忽冷忽热。③兔群应定期注射魏氏梭菌和大肠杆菌等菌苗。

【治疗】 一旦有发病兔，及时隔离并消毒兔笼，控制饲喂量。将患病兔放置在庭院或旷广的地方自由活动，饲喂优质青干草，部分兔可康复。也可在饲料中添加杆菌肽锌、恩拉霉素、恩诺沙星、复方新诺明、溶菌酶＋百肥素等药物，同时在饮水中添加电解多维等。

【诊治注意事项】 本病治疗效果差，应以综合预防为主。

第五章

寄生虫病

一、球虫病

兔球虫病主要是由艾美耳属的多种球虫引起的一种对幼兔危害极其严重的原虫病，其特征为病兔腹泻、消瘦及球虫性肝炎和肠炎。该病被我国定为二类动物疫病。

【病原及发育史】　侵害家兔的球虫约有10多种。除斯氏艾美耳球虫寄生于肝脏胆管上皮细胞外，其他种类的球虫均寄生于肠上皮细胞。不同球虫形态各异（图5-1）。

中型艾美耳球虫
（秦梅、汪运舟、索勋）

大型艾美耳球虫
（秦梅、汪运舟、索勋）

斯氏艾美耳球虫（激光共聚焦显微镜拍摄，放大倍数63×10）
（秦梅、汪运舟、索勋）

肠艾美耳球虫
（崔平、索勋）

黄艾美耳球虫

穿孔艾美耳球虫（光学显微镜拍摄，放大倍数40×10）（崔平、索勋）

图5-1　常见兔艾美耳球虫形态

球虫发育史分为三个阶段：

（1）无性繁殖阶段　球虫寄生部位（上皮细胞内）以裂殖法进行增殖。

（2）有性繁殖阶段 以配子生殖法形成雌性细胞（大配子）和雄性细胞（小配子），雌雄细胞融合成合子。这一阶段也在宿主上皮细胞内完成。

（3）孢子生殖阶段 合子变为卵囊，卵囊内原生质团分裂为孢子囊和子孢子。该阶段在外界环境中完成。

寄生在上皮细胞的球虫，发育至一定阶段即形成卵囊。卵囊从破坏了的细胞中落入宿主肠道中随同粪便一起排出体内。在良好的环境（适宜的温度、湿度和充分的氧气）中，经过几昼夜，卵囊内就形成四个孢子囊，每个孢子囊内包含着两个香蕉状的子孢子，此时即成为侵袭性卵囊。当家兔经口食入侵袭性卵囊后，子孢子在肠道破囊而出，随即侵入上皮细胞变成圆形的裂殖体。裂殖体在上皮细胞内发育形成很多裂殖子后，上皮细胞遭到破坏，裂殖体从破坏了的细胞内逸出，又侵入新的上皮细胞内，以同样的裂殖体破坏新的上皮细胞。如此反复多次进行无性繁殖，使上皮受到严重破坏，从而引起发病。

无性生殖一般进行三代以后，就出现有性生殖（配子生殖）。此时裂殖体形成配子而不是裂殖体。在形成配子的过程中，首先产生小配子体和大配子体。小配子体的核分裂多次，以后每个核周围出现原生质，最后分裂成为很多小配子（即雄性细胞）。一个大配子体只形成一个雌性细胞（即大配子）。两性细胞成熟后，小配子进入大配子内并与之结合成为合子。合子迅速形成一层被膜，即成为通常粪便检查时所见到的卵囊。卵囊到外界又进行孢子生殖，子孢子侵入宿主体内又重复以上的发育。

【流行特点】 兔是兔球虫病的唯一自然宿主。本病一般在温暖多雨的季节流行，在南方早春及梅雨季节高发，北方一般在 7～8 月，呈地方性流行。所有品种的家兔对本病都易感。成年兔受球虫的感染强度较低，因有免疫力，一般都能耐过。断奶到 3 月龄的兔最易感染。其感染率可达 100%，患病后幼兔的死亡率可达 80% 左右。耐过的兔长期不能康复，生长发育受到严重影响，一般体重可减轻 12%～27%。

成年兔、兔笼和鼠类等在球虫病的流行中起着很大的作用。球虫卵囊对化学药品和低温的抵抗力很强，但在干燥和高温条件下很容易死亡，如在 80℃ 热水中 10 秒、在沸水中立即死亡。紫外线对各发育阶段的球虫均有较强的杀灭作用。

【临床症状】 根据病程长短和强度可分为：最急性：病程 3 ~ 6 天，家兔常死亡；急性：病程 1 ~ 3 周；慢性：病程 1 ~ 3 个月。

根据发病部位可分为肝型、肠型和混合型 3 种。肝型球虫病的潜伏期为 18 ~ 21 天，肠型球虫病的潜伏期依寄生虫种不同在 5 ~ 11 天之间。除人工感染外，生产实践中球虫病往往是混合型。

病初病兔食欲降低，随后废绝，伏卧不动（图 5-2），精神沉郁，两眼无神，眼、鼻分泌物增多，贫血，下痢，幼兔生长停滞。有时腹泻或腹泻与便秘交替出现。病兔因肠臌气、肠壁增厚、膀胱积尿、肝脏肿大而出现腹围增大，手叩似鼓。家兔患肝球虫病时，肝区触诊疼痛；肝脏严重损害时，结膜苍白，有时黄染。病至末期，幼兔出现神经症状，四肢痉挛，头向后仰，有时麻痹，终因衰竭而死亡。

【病理变化】

（1）肝脏变化 可见肝脏肿大，表面有粟粒至豌豆大的圆形白色或浅黄色结节病灶（图 5-3、图 5-4），沿小胆管分布。切面胆管壁增厚，管腔内有浓稠的液体或有坚硬的矿物质。胆囊肿大，胆汁浓稠、色暗。腹腔积液。急性期，病兔肝脏极度肿大，是正常肝脏的 7 倍。慢性肝球虫病，其胆管周围和肝小叶间部分结缔组织增生，肝细胞萎缩（间质性肝炎），胆囊黏膜有卡他性炎症，胆汁浓稠，内含崩解的上皮细胞。镜检有时可发现大量的球虫卵囊。

图 5-2 病兔精神沉郁，被毛蓬乱，食欲减退，伏地 （任克良）

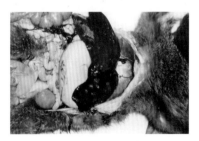

图 5-3 肝脏表面有浅黄白色圆形结节 （任克良）

（2）肠管变化 病变主要在十二指肠、空肠、回肠和盲肠等部。可见肠壁血管充血，肠黏膜充血并有点状溢血（图 5-5）。小肠内充满气体和大量黏液，有时肠黏膜覆盖有微红色黏液（图 5-6 ~ 图 5-8）。慢性病例，肠黏膜呈浅灰色，肠黏膜上有许多小而硬的白色结节（内含大量球虫卵囊）和小的化脓性、坏死病灶（图 5-9、图 5-10）。有的盲肠壁有小脓肿（图 5-11）。

图 5-4 肝脏上密布大小不等的浅黄色结节，胆囊充盈 （任克良）

图 5-5 肠壁血管充血，肠黏膜出血并有点状出血点

（崔平、索勋）

图 5-6 小肠肠道充满气体和大量黏液

（崔平、索勋）

图 5-7 混合感染肠艾美耳球虫、大型艾美耳球虫的家兔小肠黏膜覆有微红色黏液 （汪运舟）

图 5-8　感染黄艾美耳球虫的家
兔结肠出血　　　　　（汪运舟）

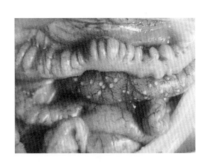

图 5-9　小肠黏膜呈浅灰色，有白
色结节　　　　（董亚芳、王启明）

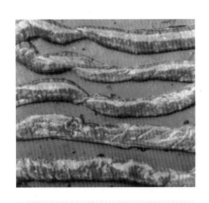

图 5-10　小肠壁散在大量灰白色
球虫结节　　　　　　（范国雄）

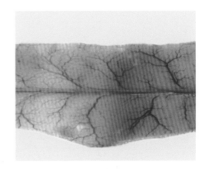

图 5-11　盲肠壁有少量脓肿
　　　　　　　　　　（任克良）

【诊断要点】　①温暖潮湿环境易发。②幼龄兔易感染发病，病死率高。③主要表现腹泻、消瘦、贫血等症状。④肝脏、肠特征的结节状病变。⑤检查粪便卵囊，或用肠黏膜、肝结节内容物及胆汁作涂片，检查卵囊、裂殖体与裂殖子等。具体方法：a. 滴 1 滴 50% 甘油水溶液于载玻片上，取火柴头大小的新鲜兔粪便，用竹签加以涂布，并剔除掉粪渣，盖上盖玻片，放在显微镜下用低倍镜（10 × 物镜）检查。b. 饱和盐水漂浮法的操作方法：取新鲜兔粪 5 ~ 10 克放入量杯中，先加少量饱和盐水将兔粪捣烂混匀，再加饱和盐水到 50 毫升。将此粪液用双层纱布过滤，滤液静置 15～30 分钟，球虫卵即浮于液面，取浮液镜检（图 5-12）。相对地，饱和盐水漂浮法检出率更高。c. 还可在剖检后取肠道内容物、肠黏膜、结节等进行压片或涂片，用姬姆萨氏液染色，镜检如发现大量的裂殖体、裂殖子等各型虫体也可确诊（图 5-13、图 5-14）。

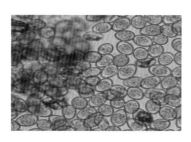

图 5-12　盐水漂浮法检查到粪便中兔球虫卵囊（崔平、索勋）

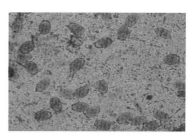

图 5-13　肠道内容物抹片观察到的兔球虫卵囊　（崔平、索勋）

【预防】　①实行笼养，大小兔分笼饲养，定期消毒，保持室内通风干燥。②兔粪尿要堆积发酵，以杀灭粪中卵囊。病死兔要深埋或焚烧。严禁用兔粪作为肥料。③定期对成年兔进行药物预防。④17～90 日龄兔饲料或饮水中添加抗球虫药物。氯苯胍，按 0.015% 混饲；托曲珠利（甲基三嗪酮），按 0.0015% 饮水，连用 21 天。地克珠利（氯嗪苯乙氰），饲料和饮水中按 0.0001% 添加。

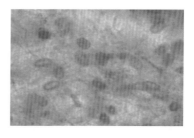

图 5-14　肠黏膜抹片观察到的未成熟兔球虫卵囊　（崔平、索勋）

【治疗】　发生本病可按以上药物加倍剂量用药，其中托曲珠利治疗剂量为 0.0025%，饮水，连喂 2 天，间隔 5 天，再用 2 天。

【诊治注意事项】　注意球虫引起的肝结节与豆状囊尾蚴、肝毛细线虫等引起的肝脏病变相鉴别。预防用抗球虫药物要经常轮换使用或交替使用，以防产生抗药性。

二、弓形虫病

弓形虫病是由龚地弓形虫引起人、畜共患的一种原虫病，呈世界性分布，家兔也可被感染。

【病原】 龚地弓形虫，寄生于细胞内，按其发育阶段有5种形态：滋养体、包囊、裂殖体、配子体和卵囊。滋养体和包囊位于中间宿主（人、家畜、鼠等）体内，其他形态只存在于终末宿主（猫）体内。家兔吃了被含有弓形虫卵囊的猫粪污染的饲料而发病。

【流行特点】 猫是人和动物弓形虫病的主要传染源。卵囊随猫粪便排出后发育成具有感染能力的孢子化卵囊，卵囊通过消化道、呼吸道与皮肤等途径侵入体内，也可通过胎盘感染胎儿。

【临床症状】 急性病例主要见于仔兔，表现突然不吃，体温升高，呼吸加快，眼、鼻有浆液性或黏脓性分泌物（图5-15），嗜睡，后期有惊厥、后肢麻痹等症状，在发病后2～9天死亡。慢性病例多见于老龄兔，病程较长，食欲不振，消瘦，后肢麻痹（图5-16）。有的会突然死亡，但多数可以康复。

图5-15　眼、鼻有黏脓性分泌物

（陈怀涛）

图5-16　病兔嗜睡，后肢麻痹

（陈怀涛）

【剖检病变】 剖检见坏死性淋巴结炎、肺炎、肝炎、脾炎、心肌炎和肠炎等变化（图5-17～图5-19）。慢性病变不大明显，但组织上可见非化脓性脑炎和细胞中的虫体（图5-20）。

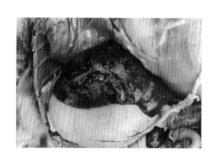

图 5-17 肝脏散布大量坏死灶
　　　　　　　　　　（陈怀涛）

图 5-18 心肌散在点状或条状黄
白色坏死灶 　　　　（陈怀涛）

图 5-19 腹腔积聚大量浅黄色液
体（↑） 　　　　　（陈怀涛）

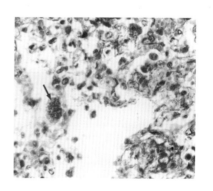

图 5-20 肺炎间隔增宽，细胞成
分增多，肺泡腔中见多少不一的炎
症细胞和脱落的上皮细胞，有的巨
噬细胞中含有大量的弓形虫（↑）
　　　　　　　　　　（陈怀涛）

【诊断要点】 ①兔场及其附近有养猫史。②多脏器特征的坏死病变。③间质性肺炎与非化脓性脑炎，有的巨噬细胞中可发现虫体。发现虫体即可确诊。

【预防】 兔场禁止养猫并严防外界猫进入兔场。注意不使用被猫粪便污染的兔饲料、饮水。留种时须经弓形虫检查，确为阴性者方可留用。

【治疗】 磺胺类药物对本病有较好的疗效。磺胺嘧啶，按每千克体重70毫克，联合乙胺嘧啶，按每千克体重2毫克，首次量加倍，每天2次内服，连用3~5天。

【诊治注意事项】 病理检查在本病诊断上起重要作用，而症状仅作为参考。注意与内脏有坏死或结节病变的疾病（野兔热、李氏杆菌病、泰泽氏病、结核病、伪结核病、沙门氏菌病等）相鉴别。治疗应在发病初期及时用药。注意饲养管理人员的个人防护。

三、脑炎原虫病

兔脑炎原虫病是由兔脑炎原虫引起，一般为慢性、隐性感染，病兔常无症状，有时见脑炎和肾炎症状。

【病原】 兔脑炎原虫的成熟孢子呈杆状，两端钝圆，或呈卵圆形（图5-21）。

【流行特点】 本病广布于世界各地。病兔的尿液中含有兔脑炎原虫。主要感染途径为消化道、胎盘，秋、冬季节多发。感染率为15%~76%。

【临床症状】 通常病兔呈慢性或隐性感染，常无症状，有时可发病，秋、冬季节多发，各年龄兔均可感染发病，见脑炎和肾炎症状，如惊厥、颤抖、斜颈、麻痹、昏迷、平衡失调（图5-22、图5-23）、蛋白尿及腹泻等。

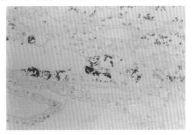

图5-21 脑炎原虫的形态：肾小管上皮细胞中的脑炎原虫（蓝色），革兰氏染色×100 （潘耀谦）

图5-22 脑炎症状：颈歪斜

（任克良）

图5-23 站立不稳，转圈运动

（潘耀谦）

【剖检病变】 剖检病兔见肾脏表面有白色小点或大小不等的凹陷状病灶（图5-24），病变严重时肾脏表面呈颗粒状或高低不平。

【诊断要点】 ①主要根据肾脏的眼观变化及肾脏、脑的组织变化做诊断。②肾脏、脑可见淋巴细胞与浆细胞肉芽肿，肾小管上皮细胞和脑肉芽肿中心可见脑炎原虫。③也可见到淋巴细胞性心肌炎及肠系膜淋巴结炎。

【防治】 目前尚无有效的治疗药物，可试用芬苯达唑或土霉素。淘汰病兔，加强防疫和改善卫生条件有利于本病的预防。

图5-24 肾脏表面有大小不一的凹陷状病灶 （任克良）

【诊治注意事项】 病兔生前诊断很困难，因为神经症状和肾炎症状很难与本病联系在一起。注意与有斜颈症状的疾病（如李氏杆菌病、巴氏杆菌病等）相鉴别。病原体的形态与弓形虫有一定相似，注意鉴别，但革兰氏染色脑炎原虫呈阳性，弓形虫呈阴性；苏木精-伊红染色时，脑炎原虫不易着色，而弓形虫可着色。

四、住肉孢子虫病

住肉孢子虫病是由兔住肉孢子虫引起的在肌肉形成包囊为特征的疾病。

【病原及生活史】 多发生于白尾灰兔。住肉孢子虫在宿主的肌肉中形成包囊。兔的住肉孢子虫，包囊长达 5 毫米，其内充满了滋养体。滋养体呈香蕉形，一端稍尖，大小通常为（12~18）毫米×（4~5）毫米，其生活史见图5-25。

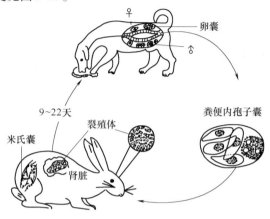

图5-25　兔住肉孢子虫的生活史

【临床症状与剖检病变】　轻度或中度感染的兔不显症状，感染很严重的可能出现跛行。剖检病变见于心肌和骨骼肌，特别是后肢、侧腹和腰部肌肉。顺着肌纤维方向有多数白色条纹住肉孢子虫。显微镜观察，肌纤维中虫体呈完整的包囊状，周围组织一般不伴有炎性反应。

【诊断要点】　通过剖检和组织学检查可对本病做出确诊。

【防治】　本病的传播方式虽不够清楚，但应将家兔与白尾灰兔隔离饲养，可减少或避免本病的发生。目前本病尚无有效的治疗方法。

【诊治注意事项】　本病应重点做好预防工作。

五、豆状囊尾蚴病

豆状囊尾蚴病是由豆状带绦虫——豆状囊尾蚴寄生于兔的肝脏、肠系膜和大网膜等所引起的疾病。

【病原】　豆状带绦虫寄生于犬、狼、猫和狐狸等肉食兽的小肠内，成熟绦虫排出含卵节片，兔食入被节片和虫卵污染的饲料后，六钩蚴便从卵中钻出，进入肠壁血管，随血流到达肝脏，而后钻出肝膜，进入腹腔，在肠系膜、大网膜等处发育为豆状囊尾蚴。豆状囊尾蚴虫体呈囊泡状，大小 10 ~ 18mm，囊内含有透明液和一个头节（图 5-26）。

【流行特点】 本病呈世界性分布。各种年龄的兔均可发生。因成虫寄生在犬、狐狸等肉食动物的小肠内，因此，凡饲养有犬的兔场，如果对犬管理不当，兔群感染率可达 100%。

【临床症状】 轻度感染的病兔一般无明显症状。而大量感染时可导致肝炎和消化障碍等表现，如食欲减退，腹围增大，精神不振，嗜睡，逐渐消瘦，最后因体力衰竭而死亡。急性发作可引起病兔突然死亡。

【剖检病变】 剖检病兔见囊尾蚴寄生在肠系膜、大网膜、肝脏表面、膀胱等处浆膜，数量不等，状似小水泡或石榴籽（图 5-27 ~ 图 5-29）。虫体通过肝脏的迁移导致肝纤维化和坏疽的发生（图 5-30、图 5-31）。

图 5-26 豆状囊尾蚴的形态：豆状囊尾蚴呈囊泡状，其中有一个白色头节
　　　　（任克良、李燕平）

图 5-27 胃浆膜面寄生的豆状囊尾蚴 　　　（任克良）

图 5-28 膀胱上寄生的豆状囊尾蚴 　　（任克良）

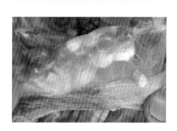

图 5-29 直肠浆膜上寄生的囊尾蚴 　　　（任克良）

图 5-30　六钩蚴在肝脏内移行所致的弯曲条纹状结缔组织增生（慢性肝炎）；胃浆膜有几个豆状囊尾蚴寄生　　　　　　（任克良）

图 5-31　肝脏大面积结缔组织增生
（任克良）

【诊断要点】　①兔场饲养有犬的兔群多发。②生前仅以症状难以做出诊断，可用间接血凝反应检测诊断。③剖检发现豆状囊尾蚴即可确诊。

【预防】　做好兔场饲料卫生管理，兔场内禁止饲养犬、猫，或对犬、猫定期进行驱虫。驱虫药物可用吡喹酮，根据说明用药。带虫的病兔尸体勿被犬、猫食入。

【治疗】　可用吡喹酮，每千克体重 10～35 毫克，口服，每天 1 次，连用 5 天。

【诊治注意事项】　凡养犬的兔场，本病发生率较高。兔群一旦检出一个病例，应考虑全群预防和治疗。

六、肝片吸虫病

肝片吸虫病是由肝片吸虫寄生于肝脏胆管和胆囊内引起的一种家兔寄生虫病。其特征为肝炎导致的营养障碍和消瘦。

【病原】　肝片吸虫，虫体扁平，呈柳叶状，长 20～30 毫米，宽 5～13 毫米。新鲜时呈棕红色（图 5-32）。中间宿主为锥

图 5-32　肝片吸虫的大体形态

实螺。

【流行特点】 在家畜中以牛、羊发病率最高，兔也可发生，有地方性流行的特点，多发生在以饲喂青饲料为主的兔群中（青饲料多采集于低洼和沼泽地带）。

【临床症状】 主要表现精神委顿，食欲不振，消瘦，衰弱，贫血和黄疸等。疾病严重时病兔眼睑、颌下、胸腹部皮下水肿。

【剖检病变】 剖检病兔见肝脏胆管明显增粗，呈灰白色索状或结节状，凸出于肝脏表面（图5-33）。胆管内常有虫体及糊状物，胆囊也可有虫体寄生。

【诊断要点】 ①多发生在以饲喂青饲料为主的兔群中，呈地方性流行特点。②肝脏特征变化（增生性胆管炎）。③粪便检查虫卵。

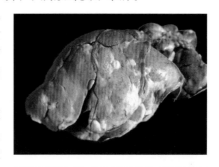

图5-33 肝脏表面有灰白色结节和条索，其切面见胆管壁增厚（甘肃农业大学兽医病理室）

【预防】 注意饲草和饮水卫生，不喂沟、塘及河边的草和水。对病兔及带虫兔进行驱虫。驱虫的粪便应集中处理，以消灭虫卵。消灭中间宿主锥实螺。

【治疗】 可选用如下药物：①硝氯酚，具有疗效高、毒性小、用量少等特点，按每千克体重3～5毫克，一次内服，3天后再服一次。②10%双酰胺氧醚混悬液，每次每千克体重100毫克口服。③丙硫苯咪唑（抗蠕敏），每千克体重3～5毫克，拌入饲料中喂给。④肝蛭净，每次每千克体重10～12毫克，口服。

【诊治注意事项】 流行特点仅作为诊断参考，确诊应依据粪便虫卵检查和肝病检查的结果。注意与肝球虫病相鉴别。用药7天内的病兔不得屠宰供人食用。

七、血吸虫病

血吸虫病是由日本分体吸虫引起的一种严重危害人、畜的寄生虫病。

广泛流行于长江流域和南方地区，因家兔圈养或笼养，故较少发生。

【病原】 病原体是日本分体吸虫（图5-34），呈细线状寄生于门静脉系统的小血管内，虫卵寄生于肝脏和肠。中间宿主为湖北钉螺。

【流行特点】 本病广泛流行于长江流域和南方地区。感染途径是食入带尾蚴的青草，尾蚴经唇部皮肤或口腔黏膜侵入而感染。

【临床症状】 兔少量感染时，无明显症状；大量感染时，兔表现腹泻、便血、消瘦、贫血，严重时出现腹水过多，最后死亡。

【剖检病变】 病理检查时见肝脏和肠壁有灰白色或灰黄色结节。慢性病例表现肝硬化，体积缩小、硬度增加，用刀不易切开（图5-35）。在门静脉和肠系膜静脉找到成虫。

【诊断要点】 ①流行于南方各省。②粪便中虫卵检查。③肝脏、肠典型病变。

【预防】 采取综合防治措施，注意引水卫生，不喂被血吸虫尾蚴污染的水草，做好粪便管理。

【治疗】 发现病兔及早治疗。治疗人、畜血吸虫病的药物有六氯对二甲苯（血防846）、硝硫氰胺、吡喹酮等，可按说明使用于家兔。

【诊治注意事项】 本病的确诊要依靠粪便虫卵检查和病变组织检查。也可用血清学试验如间接血凝试验。

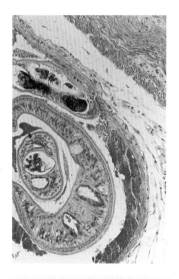

图5-34 血管中的日本分体吸虫：在肠系膜的血管中有磁性合抱日本分体吸虫成虫寄生，并见少量血栓，但血管周围无炎症反应。（HE×200）（甘肃农业大学兽医病理室）

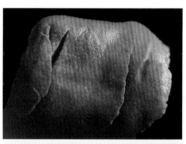

图5-35 肝硬化：肝脏质地硬实，表面高低不平，呈颗粒状（甘肃农业大学兽医病理室）

注意与肝脏、肠结节病变的疾病相鉴别。

八、蛲虫病

兔蛲虫病是由栓尾线虫寄生于兔的盲肠和结肠所引起的一种感染率较高的寄生虫病。

【病原】 栓尾线虫呈白线头样，成虫长5～10毫米，寄生在盲肠和结肠。

【流行特点】 本病分布广泛，獭兔多发。

【临床症状】 少量感染时，病兔一般不表现症状。严重感染时，病兔表现心神不定，当肛门有栓尾线虫活动或雌虫在肛门产卵时，病兔表现不安，肛门发痒，用嘴啃肛门处。其采食、休息受影响，食欲下降，精神沉郁，被毛粗乱，逐渐消瘦，下痢，可发现粪便中有乳白色似线头样栓尾线虫（图5-36）。

图5-36　粪球上附着的栓尾线虫

（任克良）

【剖检病变】 剖检病兔见大肠内也有栓尾线虫（图5-37、图5-38）。严重感染兔，肝脏、肾脏呈土黄色（图5-39）。

图5-37　盲肠内容物中的栓尾线虫

（任克良）

图5-38　盲肠中寄有大量栓尾线虫

（任克良）

【诊断要点】 ①獭兔多发。②根据病兔常用嘴舌啃舔肛门的症状可怀疑本病。③在肛门处、粪便中或剖检时在大肠发现虫体即可确诊。

【预防】 ①加强兔舍、兔笼卫生管理，对食盒、饮水用具定期消毒，粪便堆积发酵处理。②引进的种兔隔离观察 1 个月，确认无病方可入群。③兔群每年进行 2 次定期驱虫。可用丙硫苯咪唑或伊维菌素。

【治疗】 ①伊维菌素，有粉剂、胶囊和针剂，根据说明使用。②丙硫苯咪唑（抗蠕敏），每千克体重 10 毫克，口服，每天 1 次，连用 2 天。③左旋咪唑，每千克体重 5 ~ 6 毫克，口服，每天 1 次，连用 2 天。④哌嗪、芬苯达唑，根据说明使用。

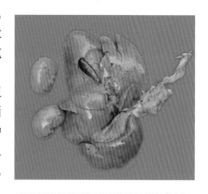

图 5-39　肝脏、肾脏呈土黄色

（任克良）

【诊治注意事项】 本病容易诊断。虽然致死率极低，但对兔的休息和营养利用影响较大，故应引起重视。

九、螨　病

兔螨病又称疥癣病，是由痒螨和疥螨等寄生于体表或真皮而引起的一种高度接触性慢性外寄生虫病，其特征为病兔剧痒、结痂性皮炎、脱毛和消瘦。

【病原】 兔螨病病原为耳螨、毛螨和穴螨三大类螨虫。常见的耳螨为兔痒螨，虫体较大，肉眼可见，呈长圆形，大小 0.5 ~ 0.9 毫米（图 5-40）。常见的毛螨为寄食姬螨和囊凸牦螨，秋季恙螨和鸡刺皮螨是较为少见的毛螨。穴螨中的兔疥螨对兔群危害最大，也最为常见，虫体较小，肉眼勉强能见，圆形，浅黄色，背部隆起，腹面扁平。雌螨体长 0.33 ~ 0.45 毫米，宽 0.25 ~ 0.35 毫米；雄螨体长 0.2 ~ 0.23 毫米，宽 0.14 ~ 0.19 毫米（图 5-41）。兔背肛螨较为少见。

【流行特点】 不同年龄的家兔都可以感染本病，但幼兔比成年兔易感性强，发病严重。主要通过健康兔和病兔接触而感染，也可由兔笼、饲槽和其他用具而间接传播。日光不足，阴雨潮湿及秋、冬季节最适于螨的生长繁殖和促使本病的发生。

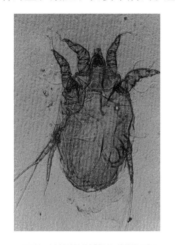

图 5-40 痒螨的形态（甘肃农业大学家畜寄生虫室）

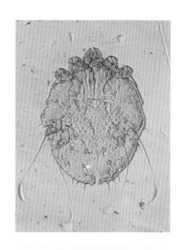

图 5-41 疥螨的形态（甘肃农业大学家畜寄生虫室）

【临床症状与剖检病变】

（1）痒螨病 由痒螨引起。主要寄生在耳内，偶尔也可寄生于其他部位，如会阴的皮肤皱襞处。病兔频频甩头，检查外耳道内有黄色痂皮和分泌物（图 5-42～图 5-44），病变蔓延中耳、内耳甚至脑膜炎时，可导致病兔斜颈、转圈运动、癫痫等症状（图 5-45）。

图 5-42 耳郭内皮肤粗糙、结痂，有较多干燥分泌物 （任克良）

图 5-43 耳道内被痂皮堵塞 （任克良）

图 5-44 外耳道有浅红色干燥分泌物；耳边缘皮肤增厚、结痂 （任克良）

图 5-45 痒螨引起的斜颈 （任克良）

（2）毛螨病 主要寄生于背部和颈部的角质层，但其并不像疥螨一样在皮肤上挖掘隧道。感染本病的病兔往往与兔患牙齿疾病、肥胖或脊柱病等有关。感染部位可出现皮屑、脂溢性病变及瘙痒症状。有时还可造成过敏性反应。

（3）疥螨病 由兔疥螨引起。一般先在头部和掌部无毛或短毛部位如脚掌面、脚爪部、耳边缘、鼻尖、口唇、眼圈等部位，引起白色痂皮（图5-46～图5-48），然后蔓延到其他部位及全身，兔有痒感，频频用嘴啃咬患部。故患部发炎、脱毛、结痂、皮肤增厚和皲裂，采食下降，如果不及时治疗，最终消瘦、贫血，甚至死亡。

有的病例家兔被痒螨、疥螨同时感染（图5-49）。

图 5-46 脚趾部皮肤有较厚、灰黄色痂皮 （任克良）

图 5-47 四肢均被感染、结痂 （任克良）

图 5-48 嘴唇皮肤结痂、皲裂
（任克良）

图 5-49 同时感染痒螨和
疥螨 （任克良）

【诊断要点】 ①秋、冬季节多发。②皮肤结痂、脱毛等特征病变，病变部有痒感。③在病部与健部皮肤交界处刮取痂皮检查，或用组织学方法检查病部皮肤，发现螨虫即可确诊。

【预防】 兔舍、兔笼定期用火焰或 2% 敌百虫水溶液进行消毒。发现病兔，应及时隔离治疗，种兔停止配种。

【治疗】 ①伊维菌素，是目前预防和治疗本病最有效的药物，有粉剂、胶囊和针剂，根据说明使用。②螨净（成分为 2-异丙基-6 甲基-4 嘧啶基硫代磷酸盐），按 1：500 比例稀释，涂擦患部。

【诊治注意事项】 注意与湿疹及毛癣菌病相鉴别。治疗时注意：①治疗后，隔 7～10 天再重复一个疗程，直至治愈为止。②治疗与消毒兔笼同时进行。③家兔不耐药浴，不能将整只兔浸泡于药液中，仅可依次分部位治疗。痒螨易治疗，疥螨较顽固，需要多次用药。

外用药治疗本病时，为使药物与虫体充分接触，应先将患部及其周围处的被毛剪掉，用温肥皂水或 0.2% 的来苏儿溶液彻底刷洗、软化患部，清除硬痂和污物后，用清水冲洗干净，然后再涂抹杀螨药物，效果较好。

十、兔虱病

兔虱病是由各种兔虱寄生于兔的体表所引起的一种外寄生虫病。其特征为皮肤痒感和皮炎。

【病原及生活史】 根据口器结构和采食方式，兔虱可分为血虱和毛虱。寄生于家兔的虱一般为血虱，成虫长 1.2～1.5 毫米，靠吸兔血维持生命（图 5-50）。成熟的雌虫产出的卵，附着于兔毛根部，经数天孵出幼虫。在适宜的条件下，幼虫在 2～3 周内经 3 次蜕皮发育为性成熟的成虫。雌虫与雄虫交配后 1～2 天开始产卵，可持续约 40 天。

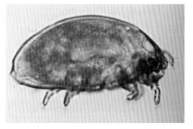

图 5-50 兔血虱虫体形态

【流行特点】 主要是接触传染。病兔和健康兔直接接触，或通过接触被污染的兔笼、用具均可传染。

【临床症状与病变】 兔血虱在吸血时能分泌有毒素的唾液，刺激神经末梢发生痒感，引起病兔不安，影响其采食和休息。有时在皮肤内出现小结节、小出血点甚至坏死灶。病兔啃咬或摩擦痒部可造成皮肤损伤，如继发细菌感染，则引起化脓性皮炎。病兔消瘦，幼兔发育不良，毛皮质量下降。

【诊断要点】 ①家兔啃咬或摩擦痒部，用手拨开病兔被毛，可看到黑色小兔虱，并在局部可发现浅黄色的虫卵。②欲知虫虱种类，需进行虫体鉴别诊断。

【预防】 防止将患虱病的兔引入健康兔场。对兔群定期检查，发现病兔立即隔离治疗。兔舍要保持清洁、干燥、阳光充足，并定期消毒和驱虫，驱虫可用伊维菌素，剂量按说明使用。

【治疗】 ①精制敌百虫 1 份与 50 份滑石粉均匀混合，用双层纱布包好，逆毛进行涂擦。②伊维菌素针剂、粉剂，按说明使用。

【诊治注意事项】 治疗时要求间隔 8～10 天重复施治一次，直至治好。

十一、兔蚤病

兔蚤病是由蚤引起家兔瘙痒不安、皮肤发红和肿胀为特征的一种体外寄生虫病。

【病原及生活史】 引起家兔蚤病的主要为猫栉首蚤。兔蚤体左右扁平，覆盖着小刺，没有翅膀。体长1~9毫米，雄虫比雌虫小。腿部高度发达，能适应跳跃。口器为刺吸式，以吸食兔的血液为生。在兔体表或其巢穴内均可找到各发育阶段的虫体（图5-51、图5-52）。

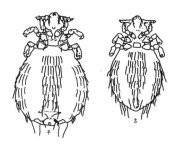

图5-51 **大腹兔蚤**（腹面观）

图5-52 **猫栉首蚤虫体形态**

（江斌等）

【临床症状与病变】 寄生在兔子皮肤上的蚤可导致兔蚤痒不安、啃咬患部，导致病兔被毛部分脱落、皮肤发红和肿胀等症状（图5-53）。严重时可造成皮肤损伤，激发细菌感染。

【诊断要点】 在兔体表找到兔蚤即可确诊。

【防治】 防止野兔进入家兔饲养场是控制本病的关键。治疗可使用有机磷杀虫剂等。

【诊治注意事项】 除杀死兔体蚤外，还应注意杀灭兔舍缝隙、洞穴或其他环境中的幼虫和卵。

图5-53 **猫栉首蚤寄生在兔皮肤上**

（江斌等）

第六章

营养代谢病

👉 **一、维生素 A 缺乏症** 👈

维生素 A 缺乏症是家兔维生素 A 长期摄入不足或吸收障碍所引起的一种慢性代谢病，其特征为病兔生长迟缓、角膜混浊和繁殖功能障碍等。

【病因】 日粮中缺乏青绿饲料、胡萝卜素或维生素 A 添加剂。饲料储存方法不当（如暴晒、氧化等），破坏饲料中维生素 A 前体。患肠道病、肝球虫病等，影响维生素 A 的吸收、转化和储存。

【临床症状与剖检病变】 仔、幼兔生长发育缓慢。母兔繁殖率下降，不易受胎，受胎的易发生早期胎儿死亡和吸收、流产、死产或产出先天性畸形胎儿（如脑积水、瞎眼）等（图6-1～图6-3）。脑积水兔头颅较大，用手触摸软而大，剖检见脑内有大量的积水（图6-4）。长期缺乏维生素 A 可引起视觉障碍，如眼睛干燥、结膜发炎、角膜混浊，严重者失明。有的病兔出现转圈、惊厥、身体左右摇摆、四肢麻痹等症状（图6-5）。

图 6-1 脑积水：胎儿头颅骨膨大 （任克良）

【诊断要点】 ①饲料中长期缺乏青饲料或维生素 A 含量不足。病兔有发育迟缓，视力、运动、生殖等功能障碍症状。②测定病兔血浆中维生素 A 的含量，若低于每升 20 微克，则为维生素 A 缺乏。

图 6-2 仔兔头颅骨积水膨大
（任克良）

图 6-3 整窝仔兔出生后眼角膜
混浊，失明 （任克良）

图 6-4 颅腔积水，大脑萎缩
（任克良）

图 6-5 头颅膨大，四肢麻痹
（任克良）

【预防】 经常喂给青绿、多汁饲料。保证每千克兔饲粮中有 1 万单位的维生素 A。及时治疗兔球虫病和肠道疾病。

【治疗】 群体饲喂时每 10 千克饲料中添加鱼肝油 2 毫升。少量病例可内服或肌内注射鱼肝油制剂。

【诊治注意事项】 该病的症状在多种疾病中都有可能出现，因此诊断时在排除相关疾病后应和饲料营养成分联系起来进行分析。

☞ 二、硒和维生素 E 缺乏症 ☜

家兔硒和维生素 E 缺乏症是由硒或维生素 E 单独缺乏或共同缺乏所引起的营养缺乏病，其特征为幼兔生长迟缓、运动障碍、肌肉变性苍白；成年兔繁殖功能下降等。

【病因】 饲料中维生素 E 含量不足。饲料中含过量不饱和脂肪酸

（如猪油、豆油等），酸败产生过氧化物，促进维生素 E 的氧化。兔患肝脏疾病如患球虫病时，维生素 E 储存减少，而利用和破坏反而增加，最终导致发病。

【临床症状】 病兔表现强直、进行性肌肉无力。不爱运动，喜卧地，全身紧张性降低（图 6-6）。肌肉萎缩并引起运动障碍，步态不稳，平衡失调，食欲减退至废绝。体重逐渐减轻，全身衰竭，大小便失禁，直至死亡。幼兔表现生长发育停滞；母兔表现受胎率降低，发生流产或死胎；公兔睾丸损伤，精子产生量减少。

【剖检病变】 剖检病兔可见骨骼肌、心肌颜色变浅或苍白，镜检呈透明样变性（图 6-7）、坏死，也见钙化现象，尤以骨骼肌变化明显。

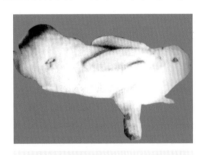

图 6-6　病兔肌肉无力，两前肢
向外侧伸展　　　　（王云峰等）

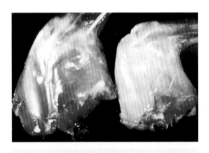

图 6-7　横纹肌透明、变性、苍白

【诊断要点】 ①根据病兔运动障碍、生殖功能下降和肌肉特征病变可怀疑本病，也可进行治疗性诊断。②综合性诊断较为全面、准确。

【预防】 经常喂给兔青绿、多汁饲料，如大麦芽、苜蓿等，或补充维生素 E 添加剂。避免喂含不饱和脂肪酸的酸败饲料。及时治疗兔肝脏疾病，如兔球虫病等。

【治疗】 ①日粮中添加维生素 E，每千克体重每天 0.32~1.4 毫升。②肌内注射维生素 E 制剂，每次 1000 国际单位，每天 2 次，连用 2~3 天。③病兔肌内注射 0.1% 亚硒酸钠溶液，幼兔 0.2~0.3 毫升，成兔 0.5~1.0 毫升，或按每千克体重 0.1 毫克计算用量。病情较重时，1 周重复注射 1 次。

【诊治注意事项】 本病应进行综合诊断，如发生特点（幼兔多发，群发）、饲料分析（维生素 E 缺乏）、主要症状（运动障碍，心衰）、病理变化（骨骼肌、心肌等变性坏死）等即可确诊。

三、佝偻病

佝偻病是幼兔维生素 D 缺乏、钙磷代谢障碍所致的营养代谢疾病，其特征为消化紊乱、骨骼变形与运动障碍。

【病因】　饲料中钙、磷缺乏，钙、磷比例不当或维生素 D 缺乏引起的。

【临床症状与剖检病变】　病兔精神不振，四肢向外侧斜，身体呈匍匐状，凹背，不愿走动（图 6-8）。四肢弯曲，关节肿大（图 6-9）。肋骨与肋软骨交界处出现"佝偻珠"（图 6-10）。死亡率较低。血清检查时血清磷水平下降和碱性磷酸酶活性升高，而血清钙变化不明显，仅在疾病后期才有所下降。

图 6-8　病兔不愿走动，喜伏地，四肢向外斜，身体呈匍匐状，凹背　　　　　　　（任克良）

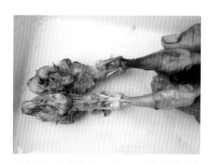

图 6-9　关节肿大　　（任克良）

图 6-10　"佝偻珠"：肋骨与肋软骨结合处肿大，呈串珠状　　（任克良）

【诊断要点】　①检测饲料中钙、磷缺乏或比例不当。②特征症状和骨关节病变。③治疗性诊断，即补钙剂疗效明显。

【预防】　经常性在饲料中添加足量钙、磷添加剂（如骨粉或磷酸氢钙等）和维生素 D，增加兔群光照。保障饲粮中钙、磷和维生素 D 含量分别达 0.7%～1.2%、0.4%～0.6% 和 1000 单位/千克。

【治疗】　维生素 D 胶性钙，每只兔每次 1000～2000 单位，肌内注射，每天 1 次，连用 5～7 天。维生素 AD 注射液，每只兔每次 0.3～0.5 毫升，肌内注射，每天 1 次，连用 3～5 天。内服磷酸钙 0.5～1.0 克或骨粉 1.0～2.0 克。

【诊治注意事项】　幼兔饲料中钙、磷比例一定适合（1～2）:1，高于或低于此比例，尤其伴有轻度维生素 D 不足即可发生此病。

四、高 钙 症

兔高钙症是由于饲料中钙盐含量较高所引起的一种营养代谢病。

【病因】　饲料中钙盐饲料含量较高。维生素 D 中毒也可引发该病。

【临床症状】　本病无明显的临床症状。但可见兔尿液呈白色，笼地板或粪沟地面上有白色钙质析出（图 6-11）。最新研究表明，高钙还可引起母兔的死胎率增加。

【剖检病变】　剖检病兔可见肾脏中有颗粒状钙盐沉积（图 6-12），膀胱中积有大量钙盐（图 6-13）。

图 6-11　病兔排出白色尿液
（任克良）

图 6-12　肾脏表面和切面可见结石样颗粒　（H. CH. Löllier）

【预防】　饲料中钙的含量应维持在 0.7%～1.2%。同时注意钙、磷比例。

【诊治注意事项】　肾脏病变应和其他疾病的结节病变相鉴别，如

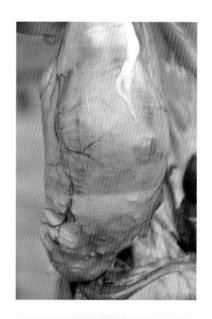

图 6-13　膀胱中积有大量沉淀的
钙盐　　　　　　　（任克良）

结核结节、小脓肿等，但这些病变质地较软。虽然家兔可以忍耐饲料中较高的钙水平，但过高会引起本病。

五、铜缺乏症

铜缺乏症是家兔体内铜含量不足所致的一种慢性营养性疾病，其特征为贫血、脱毛、被毛褪色和骨骼异常。

【病因】　饲料中含铜量不足或缺乏，易发生本病。饲料中的铜含量与饲料产地土壤中的铜含量多少密切相关。若长期饲用低铜土壤生产的饲料，易发生本病。饲料中钼、锌、铁、镉、铅等以及硫酸盐过多，也会影响铜的吸收而发病。

【临床症状与剖检病变】　病初病兔食欲不振，体况下降，衰弱，贫血（低色素性、小细胞性贫血），继而被毛褪色、无光泽、脱毛（图 6-14），并伴发皮肤病变。后期长管骨经常出现弯曲，关节肿大、变形，起立困难，跛行。病情严重的可出现后躯麻痹。母兔发情异常，不孕，甚至流产。剖检见心肌有广泛性钙化和纤维化病变。

【诊断要点】 ①病史调查。饲料来源于贫铜地区，而且饲喂时间较长。②典型症状与病变。

【预防】 一般每千克饲料中含铜 6～10 毫克，即能满足家兔的需要；每千克中含铜 200 毫克时，能刺激幼龄兔的生长速度，防止腹泻的发生。

【治疗】 补铜是治疗本病的有效措施，可口服 10% 硫酸铜溶液 2～5 毫升，视病情每周 1 次或隔周重复 1 次。也可配成 0.5% 硫酸铜溶液让兔自由饮水。

图 6-14 病兔被毛无光泽、脱落。上兔为正常对照

【诊治注意事项】 为了保护环境，禁止饲粮中添加高剂量的铜。

六、食仔癖

食仔癖是母兔生产后吞食仔兔的一种恶癖。

【病因】 本病病因比较复杂，主要与母兔营养代谢紊乱有关。如日粮营养不平衡，饲料中缺乏食盐、钙、磷、蛋白质或维生素 B 族等；母兔产前、产后得不到充足的饮水，口渴难忍；产仔时母兔受到惊扰，巢窝、垫草或仔兔带有异味，或发生死胎时，死仔未及时取出等都会引发本病。一般初产母兔发生率较高。

【临床症状】 本病表现母兔吞食刚生下或产后数天的仔兔。有些将胎儿全部吃掉，仅发现笼底或巢箱内有血迹，有些则食入部分肢体（图 6-15、图 6-16）。

【诊断要点】 ①初产母兔易发。②有明显的食仔行为。

【预防】 母兔应供给富含蛋白质、钙、磷和维生素的平衡日粮。产箱要事先消毒，垫窝所用草等物切勿带异味。母兔产前、产后供给充足淡盐水。分娩时保证舍内安静。产仔后，检查巢窝，发现死亡仔兔，应立即清理掉。检查仔兔时，必须洗手（不能涂擦香水等化妆品）或戴上消毒手套进行。

图 6-15 被母兔吞食后剩余的仔
兔残体 （任克良）

图 6-16 被母兔蚕食的仔兔
（任克良）

一旦发现母兔食仔症状时，迅速把产箱连同仔兔拿出，采取母仔分离饲养。

【诊治注意事项】 对多胎次食仔的母兔应淘汰处理。

七、食毛症

食毛症是因病兔营养紊乱而发生的以嗜食被毛成癖为特征的营养缺乏症，其特征为病兔啃毛与体表缺毛。

【病因】 ①日粮营养不平衡，如缺乏钙、磷、维生素或含硫氨基酸时，兔相互啃咬被毛。②管理不当，如兔笼狭小、相互拥挤而吞食其他兔的被毛，未能及时清除掉在料盆、水盆中和垫草上的兔毛，被家兔误食。

【临床症状】 本病多发于 1~3 月龄的幼兔。较常见于秋冬或冬春季节。主要症状为病兔头部或其他部位缺毛。自食、啃食他兔或相互啃食被毛现象（图 6-17、图 6-18）。病兔食欲不振，好饮水，大便秘结，粪球中常混有兔毛。触诊时可感到胃内或肠内有块状物，胃体积膨大。由于家兔食入大量兔毛，在其胃内形成毛团，堵塞幽门或肠管，因此偶见腹痛症状，严重时可因消化道阻塞而致死。

图6-17　右侧兔正在啃食左侧兔的被毛，左侧兔体躯大片被毛已被啃食掉　　　　（任克良）

图6-18　除头、颈、耳难以啃到的部位外，身体大部分被毛均被自己吃掉　　　　（任克良）

【剖检病变】　剖检病兔见胃内容物混有毛或形成毛球，有时因毛球阻塞胃而导致肠内空虚现象，或毛球阻塞肠而继发阻塞部前段肠臌气（图6-19～图6-21）。

图6-19　胃内容物中混有大量兔毛　　　　　　　　（任克良）

图6-20　从胃中取出的大块毛团　　　　　　　　（任克良）

【诊断要点】　①病兔有明显食毛症状。②兔舍其他兔子有皮肤少毛、无毛现象。③病兔生前可见腹痛、臌气症状，剖检胃、肠可发现毛团或毛球。④饲料营养成分测定。

【预防】　日粮营养要平衡，精粗料比例要适当。供给充足的蛋白质、无机盐和维生素。饲养密度要适当。及时清理掉在饮水盆和垫草上的兔毛。兔毛可用火焰喷灯焚烧。每周停喂一次粗饲料可以有效控制毛球的形成，也可在饲料中添加 1.87% 氧化镁，防止食毛症的发生。

【治疗】 病情轻者，多喂青绿、多汁饲料，让病兔多运动即可治愈。胃肠如有毛球可内服植物油，如豆油或蓖麻油，每次 10 ~ 15 毫升，然后让家兔运动，待进食时再喂给易消化的柔软饲料。同时用手按摩胃肠，排出毛

图6-21 毛球阻塞胃部，使肠道空虚 （任克良）

球。食欲不好时，可喂给大黄、苏打片等健胃药。对于胃肠毛球治疗无效者，应施以外科手术取出毛球或淘汰病兔。

【诊治注意事项】 本病的诊断不很困难，但预防和治疗本病，应重视供给家兔营养均衡的饲料。

八、食足癖

食足癖是兔经常啃食脚趾皮肉和骨骼的现象。

【病因】 饲料营养不平衡，患寄生虫病，内分泌失调等。

【临床症状与病变】 家兔不断啃咬脚趾尤其是后脚趾，伤口经久不愈。严重的露出趾节骨，有的感染化脓或坏死（图6-22 ~ 图6-24）。

【诊断要点】 ①青年、成年兔多发，獭兔易感。②体内外寄生虫病、内分泌失调的兔易发。③病兔不断啃咬脚趾，流血、化脓，长久不能愈合。

图6-22 被啃咬的后脚趾，已露出趾节骨，并出血 （任克良）

【预防】 配制合理的饲料，注意矿物质、维生素的添加。及时治疗体内外寄生虫。目前无有效治疗方法，可对症治疗。

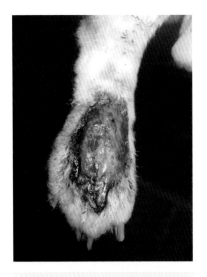

图 6-23　脚趾皮肤被啃食
　　　　　　（任克良）

图 6-24　趾部皮肉和骨骼被啃食，
似骨折，局部化脓　　（任克良）

【诊治注意事项】　发现此病时除改善饲料配方外，对发病部位及时处理。

九、尿石症

尿石症即尿结石，是指尿路中形成硬如砂石状的盐类凝固物，刺激黏膜引起出血、炎症和尿路阻塞等病变的疾病。

【病因】　饲喂高钙日粮，饮水不足，维生素 A 缺乏，日粮中精料比例过大，肾脏及尿路感染发炎等均可引起本病。

【临床症状】　病初病兔无明显症状，随后精神萎靡，不思饮食或不吃颗粒料，仅采食青绿、多汁饲料，尿量很少或呈滴状淋漓，尾部经常性被尿液浸湿。排尿困难，拱背，粪便干、硬、小，有时排血尿，日渐消瘦，后期后肢麻痹、瘫痪。

【剖检病变】　剖检病兔见肾盂、膀胱与尿道内有大小不等、多少不一的浅黄色结石，局部黏膜出血、水肿或形成溃疡（图 6-25 ~ 图 6-30）。

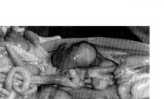

图 6-25　肾盂中有结石形成，故肾脏肿大，表面凹凸不平，颜色变浅
（任克良）

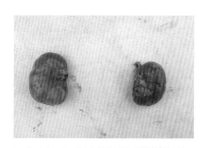

图 6-26　肾脏肿大、表面凹凸不平　　　　　　　（任克良）

图 6-27　肾盂结石：右肾脏肿大，出血；左肾脏萎缩，在肾脏切面见肾盂中有浅黄色的大小不等的结石　　　　（任克良）

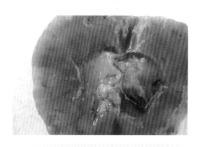

图 6-28　肾盂中见大小不等的结石　　　　　　　（任克良）

图 6-29　肾盂中结石，导致肾盂水肿、溃疡　　　（任克良）

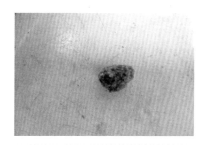

图 6-30　结石表面粗糙不平，呈浅黄色　　　　　（任克良）

【诊断要点】 ①成年兔、老龄兔多发。②病兔仅采食青绿、多汁饲料，不采食颗粒饲料。③有排尿困难等症状。④触摸两侧肾脏，肾表面不平，肿大或萎缩。⑤剖检病兔见尿路有结石及病变。

【预防】 合理配制日粮，精料比例不宜过高，钙、磷比例适中，补充维生素 A，保证充足的饮水。

【治疗】 ①结石小时，每天口服氯化铵 1~2 毫升，连用 3~5 天，停药 3~5 天后再按同法治疗 5 天。②较大的肾结石、膀胱结石应施手术治疗或淘汰处理。

【诊治注意事项】 临床症状是诊断本病的重要依据，但不能以此进行确诊，必须仔细检查，排除其他泌尿系统疾病。

第七章

中毒性疾病

一、硝酸盐和亚硝酸盐中毒

亚硝酸盐中毒是一次性食入大量硝酸盐制剂引起的胃肠道炎症性疾病。

【病因】 主要原因是家兔采食堆集发热的青饲料、蔬菜或饲料中硝酸盐含量过高而引起发病。亚硝酸盐中毒时植物中的硝酸盐在体内或体外形成亚硝酸盐，进入血液后使血红蛋白氧化为高铁血红蛋白而失去携氧能力，从而引起组织缺氧的一种中毒性疾病。

【临床症状与剖检病变】 急性病例表现为呼吸困难，口流白沫，磨牙，腹痛，可视黏膜发绀，迅速死亡。剖检病兔可见内脏器官颜色晦暗，血液呈酱油色，不凝固（图7-1）。慢性病例表现为生长缓慢，流产，不孕。

图7-1　内脏器官颜色晦暗，血液呈酱油色　　　　（陈怀涛）

【诊断要点】 ①有采食堆集发热的青饲料史。②发病、死亡迅速，呼吸困难，可视黏膜发绀。③血液不凝，呈酱油色，内脏器官颜色晦暗。④毒物检测可确诊。

【预防】 蔬菜、青饲料要摊开，切勿堆积。防止硝酸盐与亚硝酸盐化合物混入饲料或被误食。

【治疗】 迅速用1%美蓝溶液（亚甲蓝1克溶于10毫升酒精中，再加生理盐水90毫升），按每千克体重0.1~0.2毫升静脉注射或用5%甲苯胺蓝溶液，每千克体重0.5毫升静脉注射，同时用5%葡萄糖10~20毫升、维生素C 1~2毫升静脉注射，效果更好。

【诊治注意事项】　注意与其他中毒病、急性传染病相鉴别。治疗越快越好，否则病兔可死亡。

二、氢氰酸中毒

氢氰酸中毒是家兔采食富含氰甙的植物，在体内水解生成氢氰酸，其氰离子可使细胞色素氧化酶失活，生物氧化中断，组织细胞不能从血液中摄取氧，致使血氧饱和而组织细胞氧缺乏。本病的特征为病兔呼吸困难，黏膜潮红，血液鲜红、凝固不良，胃内容物有苦杏仁气味。

【病因】　兔采食了高粱、玉米、豆类、木薯的幼苗或再生苗，或桃、杏、李叶及其核仁；食入被氰化物污染的饲料或饮水即可患病。

【临床症状】　发病急，病初家兔兴奋不安，流涎，呕吐，腹痛，胀气和腹泻等。随之行走摇摆，呼吸困难，结膜鲜红，瞳孔散大。最后心力衰竭，倒地抽搐而死。

【剖检病变】　剖检病兔见血液鲜红、凝固不良（图7-2）；尸僵不全，尸体鲜红，不易腐烂；胃内容物有苦杏仁气味；胃肠黏膜充血、出血，肺充血、水肿。

图7-2　血液颜色鲜红、稀薄、不易凝固，肝色较正常浅、呈浅黄红色　　　　　（陈怀涛）

【诊断要点】　①有食入含氰甙配糖体植物或被氰化物污染的饲料或饮水史。②发病急，表现出明显中毒症状。③有特征性病理变化。④毒物检测可确诊。

【预防】　防止家兔采食含氰化物的饲料，尤其是高粱、玉米的幼苗或收割后根上的再生苗及木薯等。发现病兔及时治疗。

【治疗】　①1%亚硝酸钠每千克体重1毫升静脉注射，然后再用5%硫代硫酸钠每千克体重3~5毫升静脉注射。②用1%美蓝溶液每千克体重1毫升，静脉注射后，再注射上述硫代硫酸钠。

【诊治注意事项】　本病注意与中暑、有机磷中毒、亚硝酸盐中毒相鉴别。

三、有机磷农药中毒

有机磷农药中毒是因有机化合物进入动物体内，抑制胆碱酯酶的活性，使乙酰胆碱大量增加，引起以流涎、腹泻和肌肉痉挛等为特征的中毒性疾病。

【病因】　家兔因食入含有有机磷农药（如敌百虫、敌敌畏、乐果、二嗪农等）而引起中毒。家兔食入刚喷过这些农药的野草、青饲料，或用其治疗兔外寄生虫时用药不当，均可引起中毒。

【临床症状】　病兔拒食，大量流涎，吐白沫，流泪，磨牙，肌肉震颤，兴奋不安，呼吸急促，呼出有大蒜味的气体。有的抽搐，后肢麻痹，口腔黏膜和眼结膜呈紫色，瞳孔缩小，视力减退，腹泻，排血便（有大蒜味），昏迷，倒地而死（图7-3）。急性病例时仅表现为流涎和拉稀即死亡。

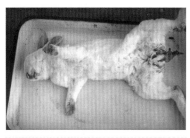

图7-3　水样腹泻　　　　（任克良）

【剖检病变】　剖检病兔可见出血性胃肠炎（图7-4），浆液出血性肺炎和实质器官变性肿大等（图7-5）。

图7-4　胃黏膜脱落、出血（↑），皮下水肿　　　　　（任克良）

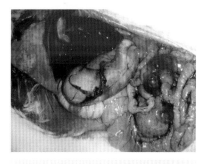

图7-5　肺充血、出血、水肿，肝脏变性、肿大，肠腔内有含气泡的黄红色稀薄的内容物　　（任克良）

【诊断要点】　①有接触有机磷农药史。②有流涎，流泪，腹泻，腹痛，兴奋不安，抽搐痉挛等主要症状。③呼出气、排出的粪便有大蒜气味。④出血性胃肠炎等病理变化。⑤胃内容物有机磷农药化验。

【预防】　不要喂给刚喷洒过有机磷农药的青饲料。用敌百虫等农药治疗兔体内外寄生虫时，要严格按说明使用，药量要准确。加强安全措施，以防人为投毒。

【治疗】　如系内服中毒，可灌服硫酸镁 5～10 克导泻，之后静脉注射 4% 解磷定 1～2 毫升，每 2～3 小时注射 1 次。同时肌内注射 1% 阿托品 0.5～1 毫升（如口服则为 0.1～0.3 毫克），隔 0.5～1 小时减半用药 1 次，以后视症状缓解情况，延长用药间隔时间或减少用药量。如是外用中毒，应及时清除体表残留药液，防止继续吸收，然后用上述方法治疗。

【诊治注意事项】　治疗体外寄生虫用阿维菌素等药物，尽量不使用农药，以防引起中毒、对兔产品（兔肉）造成药残留问题。

四、阿维菌素中毒

阿维菌素是阿佛曼链球菌的天然发酵产物，是一种高效广谱抗寄生虫药物，是目前预防和治疗兔螨病和体内线虫病的首选药物。

【病因】　剂量计算错误和盲目增大剂量是造成阿维菌素中毒的主要原因。

【临床症状】　当家兔使用过量阿维菌素后，出现精神沉郁、步态不稳、食欲不振或拒食（图 7-6）等症状，最后瘫软，在昏迷中死亡。

【剖检病变】　剖检病兔见肺、肠浆膜等出血，腹腔积液，实质器官变性，脾脏程度不等地肿大（图 7-7～图 7-10）。

图 7-6　**病兔精神沉郁，拒食**

（任克良）

【诊断要点】　①有阿维菌素超量防治螨病、线虫病史。②有上述症状和内脏出血、腹腔积液等病变。

【防治】　使用阿维菌素时，应准确称量兔的体重并严格按产品说明的使用剂量用药。

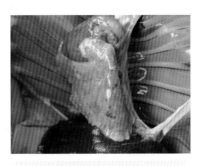

图7-7 肺有出血斑点 （任克良）

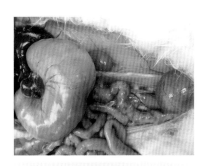

图7-8 胃内充满食物，腹腔积液，
肾脏色黄，膀胱积尿 （任克良）

图7-9 脾脏肿大 （任克良）

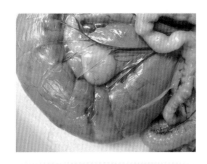

图7-10 盲肠浆膜出血 （任克良）

本病没有特效解毒药，可按补液、强心、利尿和促进肠蠕动的原则进行治疗。

【诊治注意事项】 诊断本病首先应考虑与阿维菌素使用的关系，症状和病变仅供参考。

五、马杜拉霉素中毒

马杜拉霉素俗称加福、抗球王、抗球皇、杜球等，为聚醚类离子载体抗生素。主要用于家禽球虫病的预防和治疗，而不用于兔球虫病。如用于预防家兔球虫病时，若剂量稍大或长期使用，便会引起中毒甚至导致死亡。

【病因】 马杜拉霉素用于预防兔球虫病，预防剂量与中毒剂量十分接近, 剂量稍高或饲料搅拌不均匀, 长期饲喂, 均可引起中毒。

【临床症状】 按推荐剂量饲喂后第5天就出现中毒表现, 青年兔、泌乳母兔先发病, 精神不振, 食欲废绝, 感觉迟钝, 嗜睡, 体温正常, 排尿困难, 粪便变小, 四肢发软, 嘴着地, 似翻跟头动作 (图7-11), 数小时后死亡。如剂量稍大或搅拌不均匀, 采食后24小时即出现如上症状, 且迅速死亡。

图7-11 病兔嗜睡, 头、嘴着地, 似翻跟头动作 (任克良)

【剖检病变】 剖检病兔见心包腔与腹腔积液 (图7-12、图7-13), 胃黏膜脱落 (图7-14), 肝脏瘀血、肿大, 肾脏变性、色红等 (图7-15)。

图7-12 心包积液, 胸腺有出血点 (任克良)

图7-13 腹腔积液, 肠袢有纤维素附着, 肠腔内有浅黄色液状内容物 (任克良)

【诊断要点】 ①有添喂马杜拉霉素史, 群发。②有上述症状和病变。③饲料与胃内容物马杜拉霉素检测。

【预防】 禁止使用马杜拉霉素预防兔球虫病。

【治疗】 目前马杜拉霉素中毒尚无特效药, 一般采用以下措施: ①立即停止饲喂含药饲料, 换用新的饲料。②口服补液盐, 同时配合速补多维饮水。③将中毒兔放在安静、通风、避光处饲养。

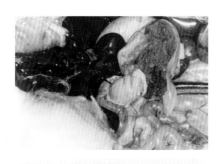

图7-14　胃黏膜脱落　（任克良）

图7-15　肝脏瘀血、肿大，上有坏死灶；胆囊胀大，充满胆汁；肾脏变性、色红　（任克良）

【诊治注意事项】　严格禁止家兔使用马杜拉霉素作为抗球虫药物。

六、敌鼠中毒

敌鼠中毒是一种全身出血和以血管渗出为特征的中毒性疾病。敌鼠为一种灭鼠药。敌鼠中毒是敌鼠及其钠盐进入体内后，干扰了肝脏对维生素K的利用，抑制凝血酶原及其凝血因子的合成，使血凝不良，出血不止，而且作用于毛细血管壁，使其通透性增高，脆性增加，易破裂出血。

【病因】　家兔的中毒是由于误食了被敌鼠污染的饲料、饮水而引起。在兔舍任意放置毒饵灭鼠而未加强管理时也可造成家兔误食而中毒。

【临床症状】　病兔精神不振，不食，呕吐，出现出血性素质，如鼻、齿龈出血，血便、血尿，皮肤紫癜，伴有关节肿大，跛行，腹痛，后期呼吸高度困难，黏膜发绀，窒息死亡。

【剖检病变】　剖检病兔见全身组织器官明显瘀血、出血和渗出，故色暗红、有出血点。体腔有液体渗出，血液凝固不良（图7-16～图7-20）。

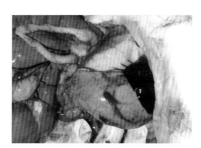

图7-16　胃浆膜血管明显，大片出血　（任克良）

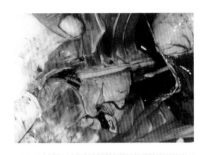

图7-17　心包积液，血凝不良
（任克良）

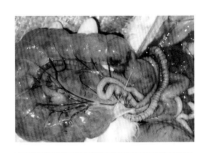

图7-18　大肠浆膜瘀血，色暗红，
有出血和纤维素渗出　（任克良）

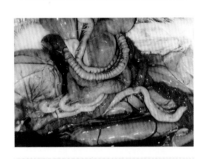

图7-19　小肠与直肠浆膜出血
（任克良）

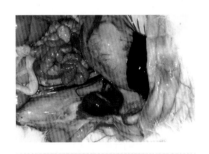

图7-20　肾脏严重出血，呈暗红
色，其他器官颜色也变暗（任克良）

【诊断要点】　①有误食被敌鼠与敌鼠钠盐污染的饲料和饮水史。②中毒3天后出现以出血为主的症状。③有明显的全身出血、渗出为特征的病变。④敌鼠与敌鼠钠盐检测。

【预防】　兔舍放置敌鼠毒饵时要有防止兔误食的措施。加强饲料库、加工场所的管理，防止饲料被毒饵污染。

【治疗】　洗胃，灌服盐类泻药，肌内注射特效解毒药维生素 K_1 溶液，每千克体重0.1～0.5毫克，每天2～3次，连用5～7天。

【诊治注意事项】　本病的诊断除查明病兔有误食敌鼠史外，一定要注意病变的特征是全身性瘀血、出血、液体渗出与血凝不良。注射药物时应选择小号针头，以免引起局部出血。

七、食盐中毒

家兔食盐中毒是食盐摄入体内过多而饮水不足所引起的中毒性疾病。

【病因】 饲料中食盐添加过多或使用食盐含量过高的鱼粉，饮水不足；有些地区用咸水喂兔等，都可引起中毒。

【临床症状】 病初病兔食欲减退，精神沉郁，结膜潮红（图7-21），口渴，腹泻成堆（图7-22）。随后兴奋不安，头部震颤，步样蹒跚。严重的呈癫痫样痉挛，角弓反张，呼吸困难，牙关紧闭，卧地不起而死（图7-23）。

图7-21 病兔不安，站立不稳，结膜充血、潮红 （任克良）

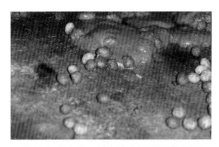

图7-22 腹泻：粪便性质未变、但不成形 （任克良）

【剖检病变】 剖检病兔见出血性胃肠炎，胸腺出血，肺、脑膜充血、出血、水肿等病变（图7-24～图7-27）；组织上见嗜酸性粒细胞性脑炎。

图7-23 神经症状，卧地不起
（任克良）

图7-24 胃黏膜脱落 （任克良）

图7-25 胃黏膜充血、出血，并有糜烂 （任克良）

图7-26 胸腺有出血点 （任克良）

【诊断要点】 ①有饲喂过多食盐饲料史。②表现结膜充血，不安、昏迷等神经症状。③出血性胃肠炎，嗜酸性粒细胞性脑炎。④饲料、胃肠内容物氯化钠检测。

【预防】 严格掌握饲料中食盐添加剂量，使用鱼粉时要将其中含盐量计算在内，供给充足清洁饮水。

【治疗】 供给充足清洁饮水的同时，内服油类泻剂5～10毫升。根据症状，采取镇静、补液、强心等措施。

图7-27 肺充血、出血、水肿 （任克良）

【诊治注意事项】 根据症状和眼观病变常难以做出诊断，因此最好做脑组织切片和饲料、胃内容物氯化钠含量检测。

八、霉菌毒素中毒

霉菌毒素中毒是指家兔采食了发霉饲料而引起的中毒性疾病，是目前危害养兔生产的主要疾病之一。

【病因】 自然环境中，许多霉菌寄生于含淀粉的粮食、糠麸、粗饲料上，如果温度（28℃左右）和湿度（80%～100%）适宜，就会大量生长、繁殖，有些会产生毒素，家兔采食即可引起中毒。常见的毒素有黄曲霉毒素、赤霉菌毒素等。

【临床症状】 病兔精神沉郁，不食，便秘后腹泻（图7-28），粪便带黏液或血（图7-29），流涎，口唇皮肤发绀。常将两后肢的膝关节凸出于臀部两侧，呈"山"字形伏卧笼内，呼吸急促，出现神经症状，后肢软瘫，全身麻痹。母兔不孕，妊娠兔流产。慢性者精神萎靡，不食，腹围膨大（图7-30）。

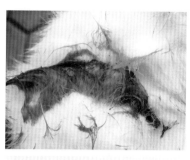

图 7-28 腹泻 （任克良）

图 7-29 黏液粪便 （任克良）

图 7-30 病兔精神不振，不食，腹围膨大 （任克良）

【剖检病变】 剖检病兔见肺充血、出血（图7-31）。肠黏膜易脱落，肠腔内有白色黏液（图7-32）。肾脏、脾脏肿大、瘀血（图7-33）。有的盲肠积有大量硬粪，肠壁菲薄，有的浆膜有出血斑点（图7-34）。

【诊断要点】 ①有饲喂霉变饲料史。②触诊大肠内有硬结。③肺、肾脏、脾脏瘀血、肿大等病变。④检测饲料霉菌或毒素。

【预防】 禁喂霉变饲料是预防本病的重要措施。在饲料的收集、采购、加工、保管等环节加以注意。饲料中添加防霉制剂如0.1%丙酸钠或0.2%丙酸钙对霉菌有一定的抑制作用。

【治疗】 首先停喂发霉饲料，用2%碳酸氢钠溶液50~100毫升灌服洗胃，然后灌服5%硫酸钠溶液50毫升，或稀糖水50毫升，外加维生素 C 2 毫升。或将大蒜捣烂喂服，每只兔每次 2 克，每天 2 次。10% 葡萄糖 50 毫升，加维生素 C 2 毫升，静脉注射，每天 1 ~ 2 次；或氯化胆碱 70 毫升、维生素 B_{12} 5 毫克、维生素 E 10 毫克，1 次口服。

图 7-31　肺充血、有出血斑
（任克良）

图 7-32　肠黏膜脱落，肠腔内容物混有白色黏液　（任克良）

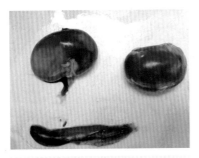

图 7-33　肾脏、脾脏肿大、瘀血
（任克良）

图 7-34　盲肠积有干硬粪块，肠壁菲薄　　　　（任克良）

【诊治注意事项】　霉菌毒素种类不同，症状、剖检各异。注意与其他中毒性疾病相鉴别。

九、有毒植物中毒

有毒植物中毒是指家兔食入某些有毒植物而引起的具有中毒表现的一类疾病。

【病因】　能引起家兔中毒的植物主要有：阔叶乳草、三叶草、毒芹、蓖麻、曼陀罗、毛茛、苍耳、夹竹桃、秋水仙等（图7-35～图7-41）。收割牧草时不注意，在牧草中混进有毒的草或其他植物也可以导致误食中毒。能引起兔中毒的植物化学成分有生物碱、氢氰酸、甙类（氰甙、硫氰甙、强心甙和皂甙等）、植物蛋白、感光物质、草酸、挥发油和鞣质等。

图7-35 毒芹 （刘全儒）

图7-36 三叶草 （任克良）

图7-37 蓖麻（任克良、曹亮）

图7-38 曼陀罗（任克良、曹亮）

图7-39　夹竹桃　　　（刘全儒）

图7-40　苍耳（任克良、曹亮）

图7-41　秋水仙　　　（刘全儒）

【临床症状与剖检病变】　一般来说，家兔植物中毒的临床症状为低头、流涎，全身肌肉程度不同的松软或麻痹，体温下降，排出柏油状粪便。但植物种类不同，中毒的症状和病变不完全相同。

（1）毒芹中毒　病兔腹部膨大，痉挛（先由头部开始，逐渐波及全身），脉搏增速，呼吸困难。

（2）**曼陀罗中毒** 初期病兔兴奋，后期变为抑郁，痉挛及麻痹。

（3）**三叶草中毒** 影响母兔排卵和受精卵在子宫内植入，引起不孕，这可能与三叶草中雌激素的含量很高有一定的关系。

（4）**蓖麻中毒** 病兔主要病变为出血性胃肠炎和各实质脏器变性和坏死、肝脏出血、变性、易碎，脑质出血，神经细胞变性，毛细血管高度扩张。

（5）**毛茛中毒** 病兔表现为流涎、呼吸缓慢、血尿及腹泻。

（6）**夹竹桃中毒** 病兔表现为心律失常和出血性胃肠炎等。

【诊断要点】 ①检查饲草种类。②群发，采食量大的家兔易发病或病情严重。③特殊的临床症状。④确诊需进行具体植物定性或定量分析。

【预防】 了解当地存在的有毒植物种类，提高饲养管理人员识别有毒植物的能力。加强饲养管理，对于饲草中不认识的草类或怀疑有毒的植物要彻底清除。

【治疗】 怀疑有毒植物中毒时，必须立即停喂可疑饲草。对发病的家兔，可内服1%鞣酸液或活性炭，并给以盐类泻剂，清除胃肠内毒物。根据病兔症状可采取补液、强心、镇痉等措施。

【诊治注意事项】 诊断时应根据症状、食入有毒饲料种类进行综合判断。

第八章

产 科 病

一、生殖器官炎症

生殖器官炎症是指非传染性原因所致的生殖器官炎症的总称，包括母兔的阴部炎、阴道炎和子宫内膜炎及公兔的包皮炎和阴囊炎等，这是家兔常见的一类炎症性疾病。

【病因】 母兔生殖器官炎症多由于分娩或外伤感染造成。公兔生殖器官炎症常因包皮内蓄积污垢、寄生虫或外伤等引起。

【临床症状与剖检病变】

（1）阴部炎 外阴红肿，严重时溃烂并结痂，有的发生脓肿（图8-1、图8-2）。

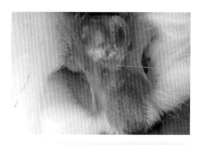

图8-1 外阴部发生化脓性炎症
（任克良）

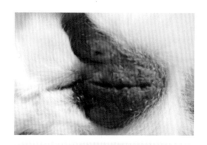

图8-2 外阴部红肿，有明显炎症反应 （任克良）

（2）阴道炎 阴道黏膜肿胀、充血及溢血，从阴道内流出不同性状的分泌物。

（3）子宫内膜炎 从阴道内排出污秽、恶臭的白色分泌物等，母兔时常努责，屡配不孕（图8-3）。剖检母兔可见子宫壁有白色脓汁（图8-4），子宫浆膜上有脓肿（图8-5、图8-6）。

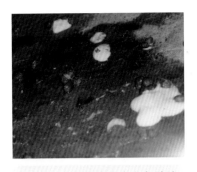

图8-3　从子宫内排出白色脓汁
（任克良）

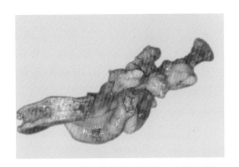

图8-4　子宫内膜潮红，附有白色脓汁
（任克良）

图8-5　子宫壁潮红、肿大，内有
脓肿形成　　　　（任克良）

图8-6　子宫黏膜上的白色脓肿
（任克良）

（4）包皮炎　包皮热痛肿胀，尿流不齐，积垢坚硬如石，严重时排尿困难。包皮阴茎发炎，内有白色脓汁（图8-7）。

（5）阴囊炎　阴囊皮肤呈炎性充血肿胀，严重时化脓破溃（图8-8）。如炎症波及内部组织，则睾丸肿大、疼痛。

【诊断要点】　①根据临床症状一般可做出初步诊断。②母兔生殖器官炎症多伴有屡配不孕。

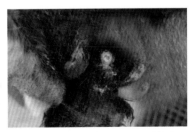

图8-7　包皮及阴茎发炎化脓，
见有白色脓汁　　　（任克良）

【预防】 保持兔笼清洁卫生，除去有尖刺的异物。3月龄以上兔要分笼饲养，严禁相互咬架，防止外伤。一旦发现有外伤，及时用碘酊涂擦。发现病兔，立即隔离，并禁止患本病的兔参加配种。

【治疗】 患部先用0.1%高锰酸钾溶液、3%过氧化氢溶液、0.1%雷佛奴耳或0.1%新洁尔灭溶液清洗，再涂消炎软膏，每天2~3次，并配合全身治疗，如肌内注射青霉素，每只兔10万单位；也可口服磺胺噻唑，首次量每千克体重0.2克，每天3次，维持量减半。为促进子宫腔内分泌物的排出，可使用子宫收缩剂，如皮下注射垂体后叶素2万~4万单位。

图8-8 阴囊皮肤潮红、稍肿胀
(任克良)

【诊治注意事项】 母兔患子宫内膜炎、子宫积脓等疾病时，最好进行淘汰处理。

二、不 孕 症

不孕症是引起母兔暂时或永久性不能生殖的各种繁殖障碍的总称。

【病因】 ①母兔过肥、过瘦，饲料中蛋白质缺乏或质量差，维生素A、E或微量元素等含量不足，换毛期间内分泌机能紊乱。②公兔过肥，长时间不参加配种，配种方法不当。③各种生殖器官疾病，如子宫炎，阴道炎，卵巢脓肿、肿瘤，胎儿滞留等（图8-9~图8-13）。④生殖器官先天性发育异常等。

【临床症状】 母兔在性成熟后或产后一段时间内不发情或发情不正常（无发情表现、微弱发情、持续性发情等），或母兔经屡配或多次人工授精不受胎。母兔过肥，卵巢被脂肪包围排卵受阻（图8-14）。正在换毛的兔易造成屡配不孕。

图 8-9　子宫内胎儿木乃伊化
（任克良）

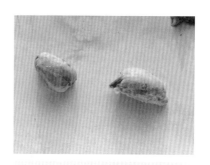

图 8-10　子宫内的死胎　（任克良）

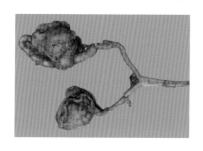

图 8-11　卵巢脓肿　（任克良）

图 8-12　卵巢肿瘤　（任克良）

【剖检病变】　剖检病兔可见子宫积脓，卵巢肿瘤或生殖器官先天异常等。

【诊断要点】　①多次配种不孕。②子宫积脓、卵巢肿瘤等可通过触诊进行判定。

【预防】　根据不孕症的原因制订防治计划，如加强饲养管理，供给全价日粮，保持种兔正常体况，防止过肥、过瘦。光照充足。掌握发情规律，适时配种。及时治疗或淘汰患生殖器官疾病的种兔。对屡配不孕者应检查子宫状况，有针对性地采取相应措施。

【治疗】　①过肥的兔通过降低饲料营养水平或控制饲喂量降低膘情，过瘦的种兔采取增加饲料营养水平或饲喂量，恢复体况。②若因卵巢机能降低而不孕，可试用激素治疗。皮下或肌内注射促卵泡素（FSH），每次 0.6 毫克，用 4 毫升生理盐水溶解，每天 2 次，连用 3 天，于第4天早晨母兔发情后，再耳静脉注射2.5毫克促黄体素（LH），之后马上配种。用量一定要准，剂量过大反而效果不佳。

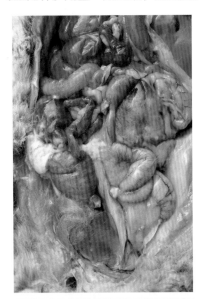

图8-13　子宫积脓　　（任克良）

图8-14　肥胖兔卵巢被脂肪包围

（任克良）

【诊治注意事项】　对因体况造成的不孕可通过调整营养供应进行治疗。

三、宫外孕

宫外孕是指胚胎在腹腔异常发育终致死亡的过程。

【病因】　原发性极为少见，继发性多见。一般多因输卵管破裂或妊娠兔子宫破裂使胚囊进入腹腔，但仍与附着在输卵管或子宫上的胎盘保持联系，故胚胎可继续生长，但由于胚盘附着异常，血液供应不足，胎儿生长至一定体积即死亡。

【临床症状与剖检病变】　病兔精神、食欲正常，但母兔拒配或配而不孕。外观腹围增大，用手触摸时，腹腔有胎儿，胎儿大小不一，但迟迟不见产仔。剖宫产或剖检时可见胎儿附着于胃小弯部的浆膜上、盆腔部或腹壁，胎儿大小不一，有成形的，有未成形的，胎儿外部常有一层较薄的膜或脂肪包裹着（图8-15、图8-16）。

图8-15 宫外孕的胎儿：胎儿大小不一，有的已成形，有的仅为一肉样团块 （任克良）

图8-16 宫外孕胎儿与膀胱浆膜相连 （任克良）

【诊断要点】 根据症状、触诊和剖检结果可做出诊断。

【预防】 保持饲养环境安静是预防本病的重要措施。

【治疗】 如确认系宫外孕，可采取手术取出死亡胎儿。一般术后母兔即可恢复，可继续配种繁殖。

【诊治注意事项】 "受胎而不产"是本病指示性症状之一，但其他生殖器官的疾病也会出现，因此对本病的诊断要仔细、全面。

四、流产和死产

流产是胎儿或（和）母体的生理过程受到破坏所导致的妊娠未足月即排出胎儿，妊娠足月但产出死胎称为死产。

【病因】 引起流产的原因很多，主要有机械性、精神性、药物性、营养性、中毒性和疾病性等原因。母兔群体发生流产时要考虑营养性、中毒性和疾病性，如饲料中维生素A、E缺乏，饲料霉变和李氏杆菌、沙门氏菌等疾病。

一般初产母兔出现死胎的较多。机械性、营养缺乏、中毒和疾病（如沙门氏菌病、妊娠毒血症）等均可引起死产。

【临床症状】 多数母兔突然流产，一般无特征表现，只是在兔笼内发现有未足月的胎儿、死胎或仅有血迹才被注意（图8-17）。发病缓慢者，可见如正常分娩一样的衔草、拉毛营巢等行为，但产出不成形的胎儿。有的胎儿多数被母兔吃掉或掉入笼底板下。流产后母兔精神不振，食欲减退，体温升高，有的母兔在流产过程中死亡。仔兔出生时即死亡，为死产。

图 8-17 兔笼底板上流产的肉块状物（胎儿） （任克良）

【诊断要点】 发现兔笼底板有未足月的胎儿或仅见有血迹，触摸妊娠兔无胎儿时，即可确诊为本病。

【预防】 本病关键在于预防，根据病因采取相应的措施。

【治疗】 发现有流产征兆的母兔可用药物进行保胎，方法是肌内注射黄体酮15毫克。流产母兔易继发阴道炎、子宫炎，应使用磺胺等抗生素类药物控制炎症，以防感染，同时加强饲养管理，给予营养水平较高饲料，防止母兔受凉，待其完全恢复健康后才能进行配种。

对于第二窝之后死胎率仍然很高的母兔，在无其他原因的情况下要予以淘汰。

【诊治注意事项】 对于习惯性流产和经常性产死胎的母兔进行淘汰处理。

五、难　产

难产是妊娠兔分娩时胎儿不能从母体顺利产出的一种疾病。

【病因】 ①产力性难产。母兔产力不足，无法排出胎儿，常见于母兔过肥或过瘦、过度繁殖、缺乏运动或年龄过大。②胎儿性难产。与之交配的公兔体型过大，妊娠期母兔营养过剩，胎儿过大，或胎儿异常、畸形、胎位不正等。③生殖器官畸形，产道狭窄。骨盆狭小或骨折变形、盆腔肿瘤都可造成产道狭窄引起难产。

【临床症状】 妊娠母兔已到产期，拉毛做窝，有子宫阵缩、努责等分娩预兆，但不能顺利产出仔兔；或产出部分仔兔后仍起卧不安，鸣叫，频频排尿，也有的从阴门流出血水，有时可见胎儿的部分肢体露出阴门外。

【诊断要点】 主要根据母兔子宫有阵缩、努责等分娩预兆，但不能顺利产出仔兔的症状。

【预防】 ①加强饲养管理，防止母兔过肥或过瘦。②母兔过早交配或过晚交配、繁殖，初产母兔的难产发生率均有不同程度的提高，所以必须适时配种。③避免近亲繁殖。④母兔产前要加强运动。临产时应保持周围环境绝对安静。

【治疗】 应根据原因和性质，采取相应治疗措施。①产力不足者，可先往阴道内注入0.5%普鲁卡因2毫升，使子宫颈张开。过5～10分钟肌内注射催产素5单位，同时配合腹部按摩。使用催产素前应确保胎位正确，否则会造成母仔双亡。②在出现催产素无效、骨盆狭窄、胎头过大、胎位胎向不正时，可首先进行局部消毒，产道内注入温肥皂水，操作者用手指或助产器械矫正胎位、胎向，将仔兔拉出。如果仍不能拉出胎儿，可进行剖宫产。③死胎造成的难产，可将消毒的人用导尿管插入子宫，用注射器灌入温青霉素生理盐水，直至从阴门流出为度（100～200毫升），一般经30分钟死胎儿可被排出，母兔即恢复正常。

剖宫产手术：母兔仰卧保定，局部消毒并麻醉，在腹部后端至耻骨前缘的腹正中线处切开，取出子宫，用消毒纱布将子宫和腹壁刀口隔开，切开子宫取出胎儿，缝合子宫并纳于腹腔，最后结节缝合腹壁。术后用青霉素肌内注射3～5天，以防感染。对于尚存活的胎儿，应立即打开胎胞，取出胎儿，夹断脐带，擦净身上、鼻孔处的黏液，让仔兔吃到初乳（图8-18）。

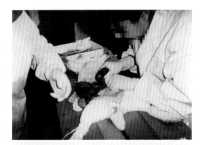

图8-18 剖宫产：从子宫内取出胎儿 （任克良）

六、产后瘫痪

产后瘫痪是母兔分娩前后突然发生的一种严重代谢性疾病，其特征是由于低血钙而使知觉丧失及四肢瘫痪。

【病因】 饲料中缺钙，母兔频密繁殖、产后缺乏阳光照射、运动不足和应激是致病的主要原因，尤其是母兔产后受风最易发生。母兔分娩前后消化功能障碍及雌激素分泌过多，也可引起发病。

【临床症状与病变】 一般发生于产后 2～3 周，有时在 24 小时内发生，个别母兔发生在临产前 2～4 天。发病突然，精神沉郁，坐于角落，惊恐胆小，食欲下降甚至废绝。轻者跛行、半蹲行或匍匐行进，重者四肢向两侧叉开，不能站立（图8-19），反射迟钝或消失，全身肌肉无力，严重者全身麻

图8-19 病兔精神萎靡，后肢麻痹瘫痪，前肢无力 （任克良）

痹，卧地不起。有时出现子宫脱出或出血症状，体温正常或偏低，呼吸慢，泌乳减少或停止。

【诊断要点】 ①有行走困难、肢体麻痹、瘫卧等典型症状。②实验室检查血清钙含量明显降低，严重的可下降至每升 70 毫克以下（正常含量为每升 250 毫克）。

【预防】 对妊娠后期或哺乳期母兔，应供给钙、磷比例适宜和维生素 D 充足的日粮。

【治疗】 用 10% 葡萄糖酸钙 5～10 毫升、50% 葡萄糖 10～20 毫升，混合一次静脉注射，每天 1 次；也可用 10% 氯化钙 5～10 毫升与葡萄糖静脉注射；或维丁胶性钙 2.0 毫升，肌内注射。有食欲者饲料中加服糖钙片 1 片，每天 2 次，连续 3～6 天。同时调整日粮鱼粉、骨粉和维生素 D 含量。

【诊治注意事项】 产后瘫痪注意与创伤性脊椎骨折相鉴别，前者用针刺后肢有明显反应，后者则无反应。

七、乳腺炎

乳腺炎是家兔乳腺组织的一种炎症性疾病，严重危害繁殖母兔。

【病因】 ①受到乳腺中过多乳汁的刺激。母兔妊娠末期、哺乳初期大量饲喂精料，营养过剩，产仔后乳汁分泌多而稠，或因仔兔少或仔兔弱小不能将乳房中的乳汁吸完，均可使乳汁在乳房里长时间过量蓄积而引起乳腺炎。②创伤感染。乳房受到机械性损伤后伴有细菌感染，如仔兔啃咬、抓伤、兔笼和产箱进出口的铁丝等尖锐物刺伤等。创伤感染的病原菌主要有金黄色葡萄球菌、链球菌等。③其他传染病时可伴发乳腺炎。④兔舍及兔笼卫生条件差，也容易诱发本病。

【临床症状与剖检病变】

(1) 急性乳腺炎 病兔精神沉郁，食欲降低或废绝，体温升高，伏卧，拒绝哺乳。初期乳房局部红、肿、热、痛，稍后即呈蓝紫色，甚至呈乌黑色（图 8-20），若不及时治疗，母兔多在 2～3 天内因败血症而死亡。

(2) 慢性乳腺炎 常由急性乳腺炎转变而来。病兔一个或多个乳头发炎，局部红、肿、热、痛症状有一定减轻，但触之乳房坚硬，内有肿块，拒绝哺乳。

(3) 化脓性乳腺炎 多由化脓菌引起或由急性乳腺炎转变而来。化脓性乳腺炎表现为乳腺内有单发或多发脓肿（图 8-21）。患部坚硬，病兔步行困难，拒绝哺乳，精神不振，食欲减退，体温可达40℃以上。剖检病兔可见乳腺区内有大小不等的脓肿，内含白色乳油状脓汁（图 8-22）。有时乳腺内脓肿可在乳房皮肤破溃并向外排出脓汁。

患乳腺炎母兔所产的仔兔易发生黄尿病。

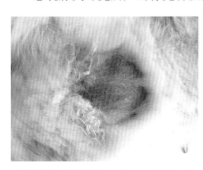

图 8-20 乳区皮肤呈黑色（任克良）

图 8-21 乳头附近的乳腺组织发生脓肿 （任克良）

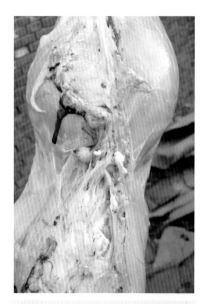

图 8-22　乳腺区内的多发性脓肿，
脓肿内含白色乳油状脓汁 （任克良）

【诊断要点】　① 多发生于产后 5 ~ 25 天。②仔兔相继死亡或患黄尿病。③乳腺炎的特征症状和病变。

【预防】　①根据仔兔数量，适当调整母兔产前、产后精料、多汁饲料饲喂量，以防引起乳汁分泌的异常（过稠过多或过稀过少），避免引起乳腺炎。②保持兔笼和运动场所清洁卫生，清除尖锐物，特别要保持兔笼和产箱进出口处的光滑，以免损伤乳头。③对本病发生率较高的兔群，除改善饲养管理制度外，繁殖母兔皮下注射葡萄球菌苗 2 毫升，每年 2 次，可减少本病发生。

【治疗】　患病初期 24 小时内先用冷毛巾冷敷乳房，同时挤出乳汁，1 天后用热毛巾进行热敷，每次 15 ~ 30 分钟，每天 2 ~ 3 次，或涂擦 5% 鱼石脂软膏。局部用青霉素和普鲁卡因混合液（青霉素 3 万 ~ 5 万单位，0. 25% 普鲁卡因溶液 30 ~ 50 毫升）进行封闭注射，患部周围分 4 ~ 6 点，皮下注射，可隔 1 ~ 2 天再进行封闭 1 次，连续 2 ~ 3 次。同时用青霉素、链霉素各 20 万单位进行肌内注射，每天 2 次，连续 3 ~ 5 天。如发生脓肿，则需开刀排脓。手术治疗虽然可康复，但泌乳机能会受到影响。对于多个乳腺发生脓肿的病兔，最好进行淘汰处理。

【诊治注意事项】 诊治乳腺炎时一定要考虑病因及原发病。

八、阴道脱

本病是阴道壁的一部分或全部翻出于阴门外。

【病因】 病兔过度努责或阴道组织松弛，体质虚弱，运动不足及剧烈腹泻等均可引起本病。

【临床症状与病变】 病兔精神不振，食欲下降或废绝。笼底有血迹，后肢、尾部沾有血液，阴门外有呈球形红色组织（阴道）凸出，瘀血、水肿（图8-23、图8-24）。脱出时间较长时翻出的阴道黏膜可发炎或坏死。

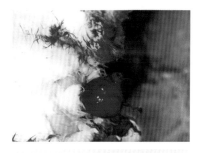

图8-23 病兔后肢、尾部沾有血液，阴道脱出、红肿 （任克良）

图8-24 阴门外脱出部瘀血、水肿。上方为凸出的子宫颈（任克良）

【诊断要点】 ①产前、产后母兔多发。②根据症状即可确诊。

【预防】 加强饲养管理，适当增加光照和运动。

【治疗】 先清除阴道黏膜黏附的粪便、兔毛等污物，再用3%温明矾水溶液浸洗脱出部，使其收缩。若脱出时间较长，用盐水清洗，使其脱水缩小以便整复。清洗后，由助手提起病兔的两后肢，操作者一手轻轻托起脱出部，另一手用三指交替地从四周将其仔细推入体内。然后往阴道内放入广谱抗生素1片（如金霉素），并提起后肢将病兔左右摇摆几次，拍击病兔臀部以助收缩复位。然后肌内注射抗生素。

【诊治注意事项】 阴道修复时除严格清洗消毒外，操作要大胆心细，使其顺利送入，又不致黏膜受损。

九、妊娠毒血症

妊娠毒血症是家兔妊娠末期营养负平衡所致的一种代谢障碍性疾病，由于有毒代谢产物的作用，致使病兔出现意识和运动机能紊乱等神经症状。主要发生于妊娠兔产前4~5天或产后。

【病因】 病因仍不清楚，但妊娠末期营养不足，特别是碳水化合物缺乏易引发本病，尤以怀胎多且饲喂量不足的母兔多见。可能与病兔内分泌机能失调、肥胖和子宫肿瘤等因素有关。

【临床症状】 初期病兔精神极度不安，常在兔笼内无意识活动，甚至用头顶撞笼壁，安静时缩成一团，精神沉郁，食欲减退，全身肌肉间歇性震颤，前后肢向两侧伸展（图8-25），有时呈强直痉挛。严重病例出现共济失调，惊厥，昏迷，最后死亡。

【剖检病变】 剖检病兔见心脏增大，心内、外膜均有黄白色条纹，乳腺区发育良好，肠系膜脂肪有坏死区（图8-26、图8-27）。肝脏、肾脏肿大，带黄色。组织上可见明显的肝脏和肾脏脂肪变性。

图8-25 病兔全身无力，四肢不能支持躯体 （任克良）

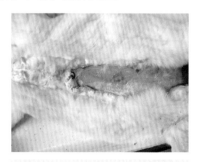

图8-26 妊娠毒血症：乳腺分泌旺盛 （任克良）

【诊断要点】 ①本病只发生于母兔，如妊娠与泌乳母兔，其他年龄母兔、公兔不发生。②临床症状和病理特点。③血液中非蛋白氮显著升高，血糖降低和蛋白尿。

【预防】 合理搭配饲料，妊娠初期，适当控制母兔营养，以防过肥。妊娠末期，饲喂富含碳水化合物的全价饲料，避免不良刺激如饲料和环境突然变化等。

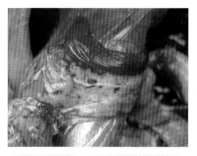

图 8-27　肠系膜脂肪见灰白色坏死区　　　　　　　　　（任克良）

【治疗】 添加葡萄糖可防止酮血症的发生和发展。治疗的原则是保肝解毒，维护心、肾脏功能，提高血糖，降低血脂。发病后口服丙二醇 4 毫升，每天 2 次，连用 3～5 天。还可试用肌醇 2 毫升、10% 葡萄糖 10 毫升、维生素 C 100 毫克，一次静脉注射，每天 1～2 次。肌内注射复合维生素 B 1～2 毫升，有辅助治疗作用。

【诊治注意事项】 本病治疗效果缓慢，要耐心、细致。

第九章

遗传性疾病、肿瘤

☞ **一、牙齿生长异常** ☞

牙齿生长异常是指牙齿生长过长并变形，从而影响采食的一种疾病。

【病因】 ①遗传因素。②饲养不合理，如只喂粉料、牙齿不能经常磨损而过度生长等。③饲料中缺钙。

【临床症状与病变】 各种兔均可发生，青年兔多发，上、下门齿或二者均过长，且不能咬合。下门齿常向上、向嘴外伸出，上门齿向内弯曲，常刺破牙龈、嘴唇黏膜，流涎（图9-1～图9-3）。病兔因不能正常采食，出现消瘦，营养不良。若不及时处理，最终因衰竭而死亡。

图9-1 下门齿过度生长，伸向口外，无法采食 （任克良）

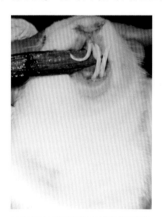

图9-2 上、下门齿均过度生长并弯曲，不能咬合 （任克良）

图9-3　牙齿生长异常的个
体，有明显的流涎症状，
使颈胸部大片被毛浸湿

（任克良）

【诊断要点】　根据牙齿过长变形病变即可确诊。

【预防】　①防止近亲交配。②淘汰兔群中牙齿畸形兔。③推广颗粒饲料喂兔。用粉料喂兔时，每天需给兔笼中放置一些木棍等，让兔自由啃咬。④日粮中添加富含钙的饲料。

【治疗】　种兔或达出栏标准的商品兔及时淘汰。幼龄兔可用钳子或剪刀定期将门齿过长的部分剪下，断端磨光，达出栏标准时淘汰。

二、牛　眼

本病又称水眼，或先天性幼畜青光眼，是家兔中较常见的遗传性疾病之一。

【病因】　可能是一种常染色体隐性遗传；家兔饲料中缺乏维生素A时易发。

【临床症状与病变】　5月龄左右兔易发，单侧或双侧发生。病兔眼前房增大，角膜清晰或轻微混浊，随后失去光泽，逐渐混浊，结膜发炎，眼球凸出和增大，像牛眼一样（图9-4）。

图9-4　病兔眼大而凸出，似牛眼

（任克良）

【诊断要点】　根据病因和眼部特征的病理变化可以确诊。

【预防】　①供给富含维生素A的饲料。②病兔不作种用。③适时淘汰。

三、脑　积　水

【病因】　①遗传因素，具有不完全显性的常染色体性状。②营养因素，如维生素A缺乏等。

【临床症状】　患病仔、幼兔脑门凸出，似"脓疱"，常与无眼畸形、小眼畸形、眼球异位、虹膜和脉络膜缺损及白内障同时发生（图9-5～图9-7）。病兔较同窝的兔弱小，抗病力低。

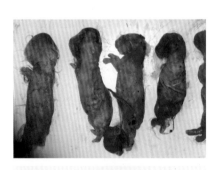

图9-5　初生仔兔脑颅膨大（任克良）

图9-6　脑门凸出，颅骨变薄，按压有弹性

（任克良）

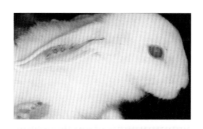

图9-7　脑部膨大，伴有眼疾

（任克良）

【剖检病变】　剖检病兔见脑部有大量的积水。

【诊断要点】　根据脑膨大，用手触摸有水样波动感即可诊断。

【防治】　制订科学的繁殖计划，避免近亲繁殖，淘汰有症状的病兔。

四、肾囊肿

肾囊肿是指肾脏中形成囊腔病变的疾病。

【病因】　多由遗传性因素引起的肾脏发育不全所致，也可由其他原因（如慢性肾炎）引起。

【临床症状】　一般无明显症状，有的病兔仅表现精神不振，弓背，步态谨慎，排尿异常。

【剖检病变】　肾囊肿多在尸体剖检时才被发现。1~6月龄的兔即可见到。眼观受害肾脏有一至几百个大小不等的囊肿，分布在肾皮质部（图9-8），小囊肿刚能看到，大者有豌豆大或更大。

图9-8　肾囊肿：在肾皮质的表面和切面均见大小不等的囊泡，其中含有半透明的液体　（王新华）

【预防】　其后代不能留作种兔，应进行淘汰处理。

五、黄 脂

黄脂是指体内脂肪呈黄色的病理变化，其发生与遗传及食入某些富含黄色素的饲料（如黄玉米、胡萝卜素等）有关。黄脂对肉质外观和加工特性有一定的影响。

【病因】 黄脂是一种隐性遗传性疾病。发生黄色纯合子隐性基因（y/y）的家兔，主要因肝脏中缺乏一种叶黄素代谢所必需的酶，因此日粮中胡萝卜类色素群在体内不断储藏，造成黄脂。黄脂的遗传性是与代表被毛颜色的 B 和 C 位点相连接的。

【临床症状与剖检病变】 病兔生前无临床症状，一般在剖检时才被发现。对黄脂纯合子兔，脂肪的颜色因饲料中胡萝卜类色素群含量水平不同而不同，可从浅黄色到深黄色（图9-9、图9-10）。

图9-9 脂肪呈浅黄色
（任克良）

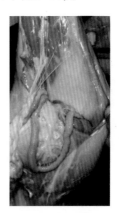

图9-10 脂肪呈深黄色（任克良）

【预防】 其后代不能留作种兔，应进行淘汰处理。

【诊治注意事项】 本病只有在宰后检查才可做出诊断。

六、低垂耳

低垂耳是指耳朵从基部垂向前外侧的一种遗传性疾病。

【病因】 多发生在某些近交系品种中，被认为是由多种基因调控的。

【临床症状】　病兔耳朵大小正常，并没有受到不正常的外界因素的影响，但是耳朵从基部垂向前外侧（图9-11）。

图9-11　耳朵从基部垂向前外侧

（任克良）

【诊断要点】　根据表现即可诊断。

【预防】　淘汰兔群中有"低垂耳"表现的个体。避免近亲繁殖。

【诊治注意事项】　注意与有些品种的垂耳相鉴别，垂耳兔是由于耳超重而呈现单纯地向下悬挂，其遗传特性也被认为多基因控制。

七、畸　形

畸形是动物在胚胎发育过程中受到某些致病因素的作用而产生的形态结构异常的个体。

【病因】　引起畸形的原因除了有遗传基因突变外，环境污染、病毒、营养缺乏、药物等也可引起。

【临床症状与剖检病变】　畸形表现多种多样，较常见的有连体畸形，"象鼻"畸形，外生殖器官畸形，泌尿系统畸形，无眼珠，乳房畸形，神经系统畸形和内脏器官的缺失，如胆囊异常大、缺失、盲肠无蚓突等（图9-12～图9-19）。

【预防】　①防止近亲繁殖。认真检查母兔健康状况，发现疾病时要等治愈后才能配种。②按照国家相关标准使用药物，严禁使用违禁药物。

【诊治注意事项】 对病兔适时淘汰。

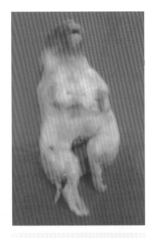

图9-12 连体胎儿畸形
（薛帮群）

图9-13 "象鼻"畸形
（任克良）

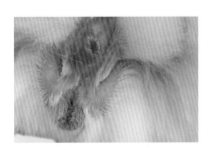

图9-14 外生殖器官畸形：外生
殖器官形似公兔，但无睾丸，腹腔
内亦无卵巢等雌、雄生殖器官
（任克良）

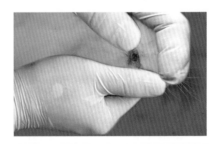

图9-15 无眼珠兔 （任克良）

图 9-16 一只兔"镶嵌"在
另一只兔体内 （任克良）

图 9-17 胆囊异常大 （任克良）

正常肝脏 无胆囊肝脏

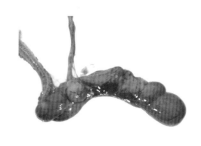

图 9-18 胆囊缺失 （任克良）

图 9-19 盲肠无蚓突 （薛帮群）

八、隐 睾

隐睾或隐睾症是指公兔阴囊内缺少一个或两个睾丸。公兔出生后一段时间内睾丸应下降至阴囊内，而病兔却有一个或两个睾丸永久地位于腹股沟皮下或腹腔内。

【病因】 不清楚，但明显有遗传倾向性。

【临床症状与剖检病变】 临床上常见一侧隐睾（图9-20），双侧隐睾少见。将病兔身仰卧保定，可见患侧阴囊塌陷、皮肤松软，而健侧阴囊凸出，内含正常睾丸，对比可见阴囊左右侧明显不对称。

【诊断要点】 阴囊睾丸触诊是确定隐睾的简单可靠的方法。

图9-20 隐睾：右侧阴囊塌陷，阴囊内无睾丸 （任克良）

【预防】 因隐睾公兔的生精能力下降或不能生精，故其不能作为种兔，应适时淘汰。

【诊治注意事项】 诊断时要注意有的睾丸可能进入腹股沟内，此时轻拍后臀，睾丸即可坠入阴囊。

九、缺毛症

缺毛症是指家兔缺乏生长绒毛能力的一种遗传性疾病。

【病因】 有几种隐性基因都会阻止绒毛的生长，主要有 f 基因、ps-1 基因和 ps-2 基因，其中以 f 基因最为常见，且对绒毛生长阻碍作用最大。

【临床症状】 病兔仅在头部、四肢和尾部有正常的被毛生长，而躯体部只长有稀疏的粗毛，缺乏绒毛（图9-21）。同窝其他仔兔缺毛症的发病率也较高。

图9-21 躯体部无绒毛生长，只有少量粗毛，仅在头部、四肢和尾部有浓密的正常被毛覆盖 （任克良）

【预防】 病兔适时出栏，不宜作种兔。

【诊治注意事项】 注意与食毛兔相区别，食毛兔的病变部粗毛、绒毛均被啃掉。

十、八字腿

八字腿是指兔的一条或全部腿缺乏内收力的站立状态。

【病因】 八字腿是一种描述症状的术语，其本质包括脊髓空洞症、盆骨发育不良，股骨脱臼和遗传性前肢远端弯曲等。除遗传因素（如近交繁殖）外，兔笼过小或笼底竹板方向与笼门平行也可引发该病。

【临床症状】 病兔不能把一条腿或所有腿收到腹下，行走时姿势像"划水"一样，无力站起，总以腹部着地趴着（图9-22）。症状轻者可做短距离的"滑行"，病情较重时则引起瘫痪。病兔采食量大，但增重慢。

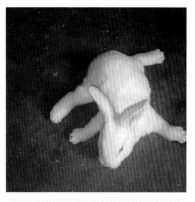

图9-22 四肢向外伸展，腹部着地 （任克良）

【诊断要点】 根据典型症状即可做出诊断。

【预防】 ①避免近交繁殖。②兔笼底竹板方向应与笼门相垂直，兔笼面积不宜太小。③淘汰病兔。如病情轻微，可在笼底垫以塑料网，或许能控制疾病的发展。

十一、子宫腺癌

子宫腺癌是家兔较重要的恶性肿瘤之一，癌组织起源于子宫黏膜的腺上皮。

【病因】 不够清楚。可能有多种原因，包括各种因素造成的内分泌紊乱等。本病的发生与母兔的经产程度无关，主要与年龄相关。

【临床症状】 多发生于4岁以上的老龄兔。病初很少表现临床症状，以后出现慢性消瘦和繁殖障碍，如受胎率下降，窝产仔数减少，死胎增多，母兔弃仔，难产，整窝胎儿潴留在子宫内，子宫外孕和胎儿在子宫内被吸收等。腹部触诊可摸到大小不等的肿块，其直径1~5厘米或更大。

【剖检病变】 剖检病兔见子宫黏膜有一个或数个大小不等的肿瘤。瘤体多呈圆形，浅红色或灰红色，质地坚实（图9-23右），后期可在肺、肾脏上等其他脏器看到转移性的肿瘤（图9-23左）。

【诊断要点】 根据症状可怀疑本病，但确诊必须依据病理学检查。

【预防】 建立合理的兔群结构，淘汰老龄母兔。对有繁殖障碍的母兔进行触摸检查，如怀疑本病，可予以淘汰。

子宫腺癌：子宫黏膜有多发性癌瘤，其形圆、色灰红　　肺转移瘤：肺因大量转移瘤的生长而变形

图 9-23　子宫腺癌（J. M. V. M Mouwen 等《兽医病理彩色图谱》）

十二、成肾细胞瘤

成肾细胞瘤又称肾母细胞瘤、肾胚瘤，是家兔尤其是未成年家兔较常见的一种肿瘤病，有的兔肉加工厂检出率可高达1%以上。

【病因】 病因不详。但可能与遗传因素有关，家族性遗传的，发病率可达25.6%。

【临床症状】 无明显的临床症状，或有泌尿功能障碍症状。各年龄兔均有发生，幼兔多发。触诊在肾脏区可摸到肿块。

【剖检病变】 剖检病兔见肿瘤发生于一侧肾脏，也可见于两侧，呈圆形或结节状凸出于肾皮质表面，质地均匀，有包膜（图9-24），切面呈灰红色或灰白色，均匀致密，有时可见到小囊腔、出血、坏死。正常肾组织因肿瘤压迫而萎缩，甚至几乎消失（图9-25、图9-26）。组织上可见肿瘤主要由肾小球和肾小管样结构的组织所构成（图9-27）。

【诊断要点】 根据触诊可怀疑为本病，但确诊需依靠病理学检查。

【防治】 如肿瘤位于肾脏一侧，且能触摸到时，可试用外科手术，打开腹腔，将肿瘤与剩余的肾组织全部割除。如触摸两肾脏均有肿瘤，则应淘汰病兔。

【诊治注意事项】 本肿瘤在病兔屠宰后或病死后发现，生前很难做出诊断。在多数情况下不进行手术治疗。

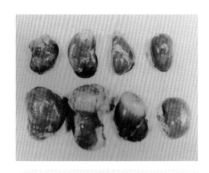

图 9-24 成肾细胞瘤的常发部位在肾脏前端，但也见于后端
（丁良骐）

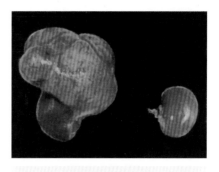

图 9-25 左图肾脏前端有一个较大成肾细胞瘤瘤团形成，右图为大小正常的肾脏
（丁良骐）

图 9-26 肿瘤生长迅速，瘤团很大，表面呈结节状，有丰富的血管分布，肾脏几乎消失
（陈可毅）

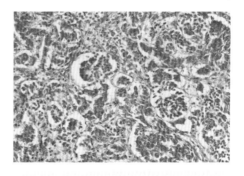

图 9-27 瘤组织主要由肾小球和肾小管样结构的低分化瘤细胞构成，间质为不多的纤维瘤样组织
（陈怀涛）

十三、淋巴肉瘤

淋巴肉瘤是起源于淋巴组织的一种恶性肿瘤。

【病因】 近年研究证明，本病的发生率与遗传有关，是一种常染色体隐性基因（LS）在纯合形成过程中，把淋巴肉瘤的易感基因垂直传递给后代而导致的疾病。此外，也可能与其他因素有关。

【临床症状与剖检病变】 本病较多发生于幼年和青年兔，以 6 ~ 18 月龄的兔更为易发。临床主要表现为贫血，中性粒细胞减少，而未成熟的淋巴细胞大量增加，血红蛋白降低。剖检病兔见多处淋巴结肿大、色灰白，消化道的淋巴滤泡和淋巴集结明显肿大。脾脏肿大，切面有灰白色颗粒状结节。肾脏肿大，表面常有白色斑块和隆起，从切面可见这些病变主要位于皮质（图9-28）。肝脏肿大，表面有灰白色区和结节。胃、扁桃体、卵巢、肾上腺也常出现肿瘤性病变。

肾脏表面　　　　肾脏切面，肿瘤结节主要位于皮质

图9-28　肾脏有许多灰白色淋巴肉瘤结节　　　　　　　（范国雄）

【诊断要点】 ①血象变化。②病理变化。

【预防】 淋巴肉瘤的发生率与遗传因素有关，因此要加强选种管理，病兔应进行淘汰，不宜留作种兔。

第十章

普通病

一、腹　泻

腹泻不是独立性疾病，是泛指临床上具有腹泻症状的疾病。主要表现是粪便不成球，稀软，呈粥状或水样。

【病因】①饲料配方不合理，如精料比例过高即高蛋白、高能量、低纤维。②饲料质量。饲料不清洁，混有泥沙、污物等。饲料含水量过多，或吃了大量的冰冻饲料。饮水不卫生。③饲料突然更换，饲喂量过多。④兔舍潮湿，温度低，家兔腹部着凉。⑤口腔及牙齿疾病。

此外，引起腹泻的原因还有某些传染病、寄生虫、中毒性疾病和以消化障碍为主的疾病，这些疾病各有其固有症状，并在本书各种疾病中专门介绍，在此不再赘述。

【临床症状与病变】病兔精神沉郁，食欲不振或废绝。饲料配方和饲养管理不当引起的腹泻，病初粪便只是稀、软，但粪便性质未变（图10-1），如果控制不当，就会诱发细菌性疾病如大肠杆菌病、魏氏梭菌病等，粪便就会出现黏液、水样等。

图10-1　粪便稀、不成形，但性质未变　　　（任克良）

【诊断要点】①有饲养管理不当、兔舍温度低等应激史。②粪便不成形，但性质未变。

【预防】饲料配方设计合理，饲料、饮水卫生、清洁。变化饲料要逐步进行。幼兔提倡定时、定量饲喂技术。兔舍要保温、通风、干燥和卫生。

【治疗】在消除病因的同时控制饲喂量，不能控制时应及早应用抗生素类药物（如庆大霉素等），以防激发感染。对脱水严重的病兔，可灌服补液盐（配方为氯化钠 3.52 克、碳酸氢钠 2.5 克、氯化钾 1.58 克、葡萄糖 20 克，加凉开水 1000 毫升），或让病兔自由饮用。

【诊治注意事项】 腹泻种类很多，原因复杂，找出病因，采取有针对性的防控措施，才能收到较好的治疗效果。

二、便 秘

便秘是指家兔排便次数和排便量减少，排出的粪便干、小、硬，是家兔常见消化系统疾病之一。

【病因】 引起家兔便秘除热性病，胃肠弛缓等全身性疾病因素外，饲养管理不当是主要原因，如以颗粒饲料为主，饮水不足；青饲料缺乏；饲料品质差，难以消化；饲喂过多含单宁多的饲料如高粱等；饲料中食有泥沙或混入兔毛；饲喂不定时，过度贪食；饮水不洁或运动不足等均可诱发本病。

【临床症状】 患病初期，病兔精神稍差，食欲减退，喜欢饮水，粪便干、小、两头尖、硬（图 10-2），腹痛腹胀，病兔常头颈弯曲，回顾腹部、肛门、起卧不宁。随着病程进展，停止排便，腹部膨大、肚胀，用手触摸可感知干硬的粪球颗粒，并有明显的触痛。如果不及时采取措

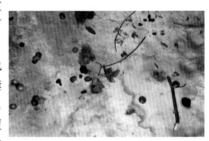

图 10-2 粪便干、小、硬（成年兔）

（任克良）

施，因粪便长期滞留在胃肠而导致自体中毒，或因呼吸困难，心力衰竭而死。

【剖检病变】 剖检病兔发现结肠和直肠内充满干硬成球的粪便，前部肠管积气。

【诊断要点】 根据粪便少、小、硬等可做出诊断。

【预防】 加强饲养管理，合理搭配青粗饲料和精饲料，经常供给家兔清洁饮水，饲喂定时定量，加强运动，限量饲喂高粱等易引起便秘的饲料。

【治疗】 对病兔应及时治疗，停止饲喂，供给清洁饮水，适当增加运动，按摩腹部。治疗时应注意制酵和通便。常用药物有：①人工盐，成年兔 5～6 克，幼兔减半，加适量温水口服。②植物油，每只每天口服 10～20 毫升。③液状石蜡，成年兔 15 毫升，幼兔减半，加等量温水口服。④果导片。成年兔每次 1 片，每天 3 次。⑤温肥皂水或高锰酸钾溶液，用人用导尿管灌肠，每次 30～40 毫升，效果好。

三、中 暑

中暑又称日射病或热射病，是家兔因气温过高或烈日暴晒所致的中枢神经系统机能紊乱的一种疾病。家兔汗腺不发达，体表散热慢，极易发生本病。

【病因】 ①气温持续升高，兔舍通风不良，兔笼内密度过大，散热慢。②炎热季节兔只进行车、船长途运输，装载过于拥挤，中途又缺乏饮水。③露天兔舍，遮光设备不完善，兔体长时间受烈日暴晒。

【临床症状】 据试验，在 35℃ 条件下，家兔在不到一个小时即可出现中暑表现。病初病兔精神不振、食欲减少甚至废绝，体温升高。用手触摸全身有灼热感。呼吸加快，结膜潮红（图 10-3），口腔、鼻腔和眼结膜充血，鼻孔周围湿润。卧地，行走举步不稳，摇晃不定（图 10-4）。病情严重时，呼吸困难，静脉瘀血，黏膜发绀，从口腔和鼻中流出带血色的液体（图 10-5）。病兔常伸腿伏卧，头前伸，下颌着地，四肢间歇性震颤或抽搐，直至死亡。有时则突然虚脱、昏倒，呈现痉挛而迅速死亡。

图 10-3 结膜充血潮红
(任克良)

【剖检病变】 剖检病兔可见胸腺出血、肺部瘀血、水肿，心脏充血、出血，腹腔内有纤维素渗出，肠系膜血管瘀血，肠壁、脑部血管充血（图 10-6～图 10-11）。触摸腹腔内器官有灼烧感。

图 10-4　病兔卧地，呼吸迫促，鼻孔周围湿润　　　　　（任克良）

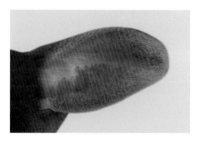

图 10-5　耳静脉瘀血，耳部皮肤呈暗红色　　　　　　（任克良）

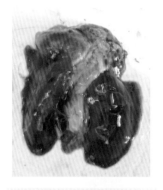

图 10-6　肺瘀血、水肿，呈暗红色　　　　　（任克良）

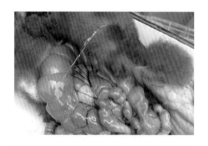

图 10-7　腹腔内有纤维素渗出　　　　　　　　　（任克良）

图 10-8　心外膜血管明显扩张，并有出血斑点　（任克良）

图 10-9　大肠壁出血　（任克良）

图10-10 脑血管充血 （任克良）　图10-11 肠系膜和肠壁血管怒张充血，肠袢有少量纤维素附着

（任克良）

【诊断要点】 ①长毛兔、獭兔、妊娠兔易发。②根据长时间高温环境及典型症状与病变可做出诊断。

【预防】 当气温超过35℃时，通过打开通风设备、启动湿帘、空调等，用冷水喷洒地面、降低饲养密度等措施，以增加兔舍通风量，降低舍温。露天兔舍应加设荫棚。

【治疗】 首先将病兔置于阴凉通风处，可用电风扇微风降温，或在头部、体躯上敷以冷水浸湿的毛巾或冰块，每隔数分钟更换一次，加速体热散发。药物治疗，可用十滴水2~3滴，加温水灌服，或人丹2~3粒。用20%甘露醇注射液，或25%山梨醇注射液，每次10~30毫升，静脉注射。对于有抽搐症状的病兔，用2.5%盐酸氯丙嗪注射液，每千克体重0.5~1.0毫升，肌内注射。

四、结膜炎

结膜炎是指眼睑结膜、眼球结膜的炎症性疾病。在规模兔场较为常见。

【病因】 ①机械性因素，如灰尘、沙土或草屑等异物进入眼中，眼睑外伤，寄生虫的寄生等。②理化因素，如兔舍密闭，饲养密度大，粪尿不及时清除，在通风条件不良的兔舍，易致使兔舍内空气污浊，氨气等有害气体刺激兔眼。③化学消毒剂、强光直射及高温的刺激。④日粮中缺乏维生素A，感染巴氏杆菌等。

【临床症状与病变】 病初，病兔结膜轻度潮红、肿胀，流出少量浆液性分泌物。随后则流出大量黏液性分泌物、眼睑闭合，下眼睑及两颊被毛湿润或脱落，眼多有痒感（图10-12）。如不及时治疗，常发展为化脓性结膜炎，眼睑结膜严重充血、肿胀，从眼中排出或在结膜囊内积聚大量黄白色脓性分泌物，上下眼睑无法睁开。如炎症侵害角膜，可引起角膜混浊、溃疡，甚至造成家兔失明（图10-13、图10-14）。

图10-12 急性结膜炎：眼结膜充血、眼睑肿胀，并附有白色脓性分泌物，上下眼睑难以张开 （任克良）

图10-13 化脓性结膜炎：结膜囊中充满大量白色脓性分泌物
　　　　　　　　　　　　（任克良）

【诊断要点】 根据眼的症状和病变可做出诊断。

【预防】 保持兔笼清洁卫生，及时清除粪、尿，增加通风量。用化学药物消毒时要注意消毒剂的浓度及消毒时间，防止有害气体对兔眼的刺激。避免阳光直射。经常喂给富含维生素A的饲料，如胡萝卜、青草等。及时治疗巴氏杆菌病等疾病。

图10-14 结膜炎长期不愈，眼眶下被毛脱离 （任克良）

【治疗】 首先要消除病因，用无刺激的防腐、消毒、收敛药液清洗患眼，如2%~3%硼酸溶液、0.01%呋喃西林等。清洗之后选用抗菌消炎药物滴眼或涂敷，如氯霉素眼药水、0.5%金霉素眼药水、0.5%土霉素眼膏、四环素可的松眼膏、0.5%氢化可的松眼药水、10%磺胺醋酰钠溶液等。分泌物过多时，可用0.25%硫酸锌眼药水。对角膜混浊的病例，可涂敷1%黄氧化汞软膏，或将甘汞和葡萄糖等量混匀吹入眼内。为了镇痛，可用1%~3%普鲁卡因溶液滴眼。重症者可同时进行全身治疗，如应用抗生素或磺胺药物。

【诊治注意事项】 注意与非传染性结膜炎和传染性结膜炎相鉴别。对于传染病伴发的结膜炎，应同时对原发病进行治疗。

五、角膜炎

角膜炎主要是指角膜的病变，即以角膜混浊、溃疡或穿孔，角膜周边形成新生血管为特征。

【病因】 机械性损伤、眼球凸出或泪腺缺乏等，是引起浅表性角膜炎或溃疡性角膜炎的主要原因。

【临床症状与病变】 浅表性角膜炎早期，患眼畏光，角膜上皮缺损或混浊（图10-15、图10-16），有少量浆液、黏液性分泌物。若治疗不当或继发细菌感染，容易形成溃疡即溃疡性角膜炎（图10-17）。角膜缺损或溃疡恶化，常表现为后弹力层膨出（图10-18），进而可发展为角膜穿孔和虹膜前粘连，以致失明。间质性角膜炎大多呈深在性弥漫性混浊，透明性呈不同程度降低。

图10-15 病兔左眼角膜浅表性炎症 　　　　　　　　　　（任克良）

图10-16 角膜白斑
　　　　　　　　（任克良）

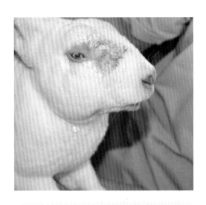

图 10-17　病兔右眼呈典型溃疡性
角膜炎　　　　　（任克良）

图 10-18　病兔左眼后弹力层呈膨
出状　　　　　（任克良）

【诊断要点】　浅表性角膜炎和溃疡性角膜炎症状典型，容易诊断。

【治疗】　对浅表性角膜炎（无明显角膜损伤），可用复方新霉素眼药水或点必舒滴眼液等滴眼，每天滴眼 3~4 次。对于角膜损伤或溃疡，可用半胱氨酸滴眼液配合角膜宁、贝复舒或爱丽眼药水滴眼。对于间质性角膜炎，要分析病因和采取针对性疗法。

【诊治注意事项】　诊断时要注意对浅表性角膜炎和间质性角膜炎相鉴别。浅表性角膜炎因表面混浊而失去透明层；间质性角膜炎一般少见眼分泌物，从患眼侧面视诊，可见角膜表面被有完整上皮与泪腺构成的透明层。两者病因不同，正确地鉴别有助于合理治疗。对于角膜缺失或溃疡的病例，禁用含皮质类固醇的眼药水，因其影响角膜上皮和基质再生，不利于愈合，容易引起角膜穿孔。

六、湿性皮炎

湿性皮炎是皮肤长期潮湿并继发细菌感染而引起的多种皮肤炎症。

【病因】　当下颌、颈下、肛门或后肢等部皮肤长期潮湿并继发多种细菌感染后即可引起皮肤的炎症。口腔疾病流涎、饮水器位置偏低，使兔体长时间靠在其上，以及长期腹泻等，都可造成局部皮肤潮湿，从而为细菌的继发感染和繁殖创造了条件。

【临床症状与病变】　患部皮肤发炎，呈现脱毛、糜烂、溃疡甚至组织坏死以及皮肤颜色的变化等病症（图 10-19）。潮湿部可继发多种细菌，常见的为绿脓杆菌、坏死杆菌，如为绿脓杆菌，病兔局部被毛可呈绿色，故有人称为"绿毛病""蓝毛病"（图 10-20、图 10-21）。如为坏死杆菌感染，皮肤与皮下组织发生坏死，常呈污褐色甚至黑褐色，严重时病兔可因败血症或脓毒败血症而死亡。

图 10-19　局部潮湿、脱毛、发红，进而引起组织坏死　（任克良）

图 10-20　肩部被毛潮湿，感染绿脓杆菌呈绿色（西班牙 HIPRA，S.A 实验室）

【诊断要点】　根据局部病变一般可做出诊断。

【预防】　及时治疗口腔、牙齿疾病。根据兔的大小，将饮水器调整至适当位置，不能过低。笼内要保持清洁、干燥。常换产箱垫草。及时治疗腹泻病。

【治疗】　先剪去患部被毛，用0.1% 新洁尔灭洗净，局部涂擦四环素软膏，10～14 天为一疗程。或剪毛

图 10-21　下颌部被毛潮湿，感染绿脓杆菌呈绿色　（任克良）

后用 3% 过氧化氢清洗消毒后涂擦碘酊。如感染严重的病例，需使用抗生素做全身治疗。

七、肠套叠

肠套叠是指在某些致病因素的刺激作用下，某段肠管蠕动异常增强，

并进入相邻段肠管，引起局部肠管阻塞和形态与机能变化的病理过程。

【病因】　家兔采食冰冻饲料、冰块，且有受寒、感冒、惊恐、肠道异物或肿瘤等刺激，以及发生其他疾病（如兔瘟等）时，都可引起肠套叠的发生。

【临床症状】　肠套叠一旦发生，病兔会突然出现剧烈腹痛症状，表现不安，起卧，打滚，呼吸困难，脉搏加快，并迅速继发胃肠臌气，最后精神沉郁。可能排出黏性血便。触诊时感觉到腹肌紧张，套叠段肠管硬实、敏感、疼痛。

【剖检病变】　剖检病兔可见套叠部肠段紫红、肿胀，有炎症变化（图10-22～图10-24）。套叠消化道前段臌气、充满食糜。

图10-22　小肠套叠处肠壁增厚，有出血点　　　（任克良）

图10-23　套叠段肠管增粗、质硬、瘀血　　　　（任克良）

【诊断要点】　生前根据典型症状和触诊一般可做出诊断，剖检可以确诊。

【预防】　保持兔舍安静。冬季防止家兔吞食冷冻饲料和冰块，注意保暖。

【治疗】　以手术治疗为主。病初肠管病变较轻时，可整复套叠段肠管后调理胃肠机能。病程稍长，套叠段肠管已坏死、粘连而无法整复者，应将其截断并进行肠管吻合。因肿瘤或异物引起的肠套叠病例，要同时摘除肿瘤和排除异物。术后应用抗生素治疗，连用3天，

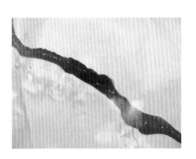

图10-24　刚修复后的原套叠部小肠，仍有瘀血、水肿病变

（任克良）

以防感染。

【诊治注意事项】 病兔生前易和其他肠变位的症状混淆，注意鉴别。

八、溃疡性脚皮炎

溃疡性脚皮炎是指家兔跖骨部的底面，以及掌骨、指骨部的侧面所发生的损伤性溃疡性皮炎。是危害种兔正常繁殖的一种常见多发病。

【病因】 笼底板粗糙、高低不平，金属底网铁丝太细、凹凸不平，兔舍过度潮湿均易引发本病。神经过敏，脚毛不丰厚的成年兔、大型兔种较易发生。

【临床症状与病变】 病兔食欲下降，体重减轻，驼背，呈踩高跷步样，四肢频频交换支持负重。跖骨部底面或掌部侧面皮肤上覆盖干燥硬痂或大小不等的局限性溃疡（图10-25～图10-27）。溃疡部可继发细菌感染，有时在痂皮下发生脓肿（多因金黄色葡萄球菌感染）。

图 10-25 跖骨部底面皮肤破溃并出血 （任克良）

图 10-26 后肢跖骨部底面皮肤多处发生溃疡、结痂 （任克良）

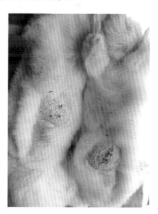

图 10-27 前肢掌心皮肤发生溃疡、结痂 （任克良）

【诊断要点】 ①獭兔易感，笼底制作不规范的兔群易发。②后肢多发。

【预防】 兔笼地板以竹板为好，笼地要平整，竹板上无钉头外露，笼内无尖锐物等。保持兔笼、产箱内清洁、卫生、干燥。选择脚毛丰厚者作种用。

【治疗】 先将病兔放在铺有干燥、柔软的垫草或木板的笼内。治疗方法有：①用橡皮膏围病灶重复缠绕（尽量放松缠绕），然后用手轻握压，压实重叠橡皮膏，20~30天可自愈。②先用0.2%醋酸铝溶液冲洗患部，清除坏死组织，并涂擦15%氧化锌软膏或土霉素软膏。当溃疡初愈时，可涂擦5%甲紫溶液。如病变部形成脓肿，应按外科常规排脓后，应用抗生素药物进行治疗。

【诊治注意事项】 局部治疗应和全身治疗结合。

九、创伤性脊椎骨折

【病因】 捕捉、保定家兔方法不当，使其受惊乱窜或从高处跌落以及长途运输等原因均可使其腰椎骨折、腰荐脱位。

【临床症状】 病兔后躯完全或部分运动突然麻痹，病兔拖着后肢行走（图10-28）。脊髓受损，肛门和膀胱括约肌失控，大小便失禁，臀部被粪、尿污染（图10-29、图10-30）。脊椎轻微受损时，也可于较短的时间内恢复。

图10-28 病兔后肢瘫痪，拖着后肢行走 （任克良）

【剖检病变】 剖检病兔见脊椎某段受损断裂，局部有充血、出血、水肿和炎症等变化，膀胱因积尿而胀大（图10-31、图10-32）。

【诊断要点】 ①突然发病，症状明显。②剖检病兔时见椎骨局部有明显病变，骨折常发生在第七椎体或第七腰椎后侧关节突。

图 10-29 脊髓受损，后肢瘫痪，大小便失禁，粪、尿沾污肛门周围被毛及后肢 （任克良）

图 10-30 大小便失禁，沾污臀部 （任克良）

图 10-31 腰椎骨折断处明显出血，膀胱积尿 （任克良）

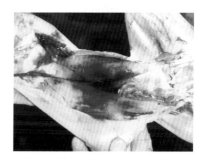

图 10-32 腰椎骨折断，瘀血、出血 （任克良）

【预防】 本病无有效的治疗方法，以预防为主。①保持舍内安静，防止生人、其他动物（如狗、猫等）进入兔舍。②正确抓兔和保定兔，切忌抓腰部或提后肢。③关好笼门，防止兔从高层掉下。

十、直肠脱与脱肛

直肠脱是指直肠后段全层脱出于肛门之外，若仅直肠后段黏膜凸出于肛门外则称为脱肛。

【病因】　本病的主要原因是慢性便秘、长期腹泻、直肠炎及其他使兔体经常努责的疾病。营养不良，年老体弱，长期患某些慢性消耗性疾病与某些维生素缺乏等是本病发生的诱因。

【临床症状与剖检病变】　病初仅在病兔排便后见少量直肠黏膜外翻，呈球状，为紫红色或鲜红色（图10-33），但常能自行恢复。如进一步发展，脱出部不能自行恢复，且增多变大，使直肠全层脱出，而成为直肠脱（图10-34～图10-36）。直肠脱多呈棒状，黏膜组织水肿、瘀血，呈暗红色或青紫色，易出血；表面常附有兔毛、粪便和草屑等污物；随后黏膜坏死、结痂。严重者导致排便困难，体温、食欲等均有明显变化，如不及时治疗可引起死亡。

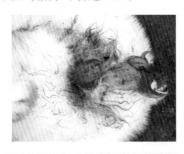

图10-33　脱肛：直肠后段黏膜凸出于肛门外，呈紫红色椭圆形，组织水肿，表面溃烂　（任克良）

图10-34　直肠脱：脱出物坏死
（任克良）

图10-35　直肠脱　（任克良）

图10-36　离体的直肠和脱出的直肠　（任克良）

【诊断要点】 根据症状和病变即可确诊。

【预防】 加强饲养管理，适当增加光照和运动，保持兔舍清洁干燥，及时治疗消化系统疾病。

【治疗】 轻者，用0.1%新洁尔灭液等清洗消毒后，提起后肢，用手指将脱出的直肠送入肛门复位。当脱出的直肠严重水肿，部分黏膜坏死时，清洗消毒后，小心除去坏死组织，轻轻整复。整复困难时，用注射针头刺破水肿部，用浸有高渗液的温纱布包裹，并稍用力挤出水肿液，再行整复。为防止再次脱出，整复后肛门周围做袋口缝合，但要注意松紧适度，以不影响排便为宜。为防止剧烈努责，可在肛门上方与尾椎之间注射1%盐酸普鲁卡因液 3~5 毫升。若脱出部坏死糜烂严重，无法整复，则行切除手术或淘汰病兔。

【诊治注意事项】 治疗和修复后都应保持兔笼清洁和兔舍安静，以防感染和复发。

十一、疝

疝也称疝气。疝包括多种疝，如腹壁疝、脐疝、阴囊疝等。疝是指腹腔脏器经脐孔、腹肌破孔、腹股沟管等进入脐部皮下、腹部皮下或阴囊中，形成局部性凸起或使阴囊扩张。疝的内容物多为小肠或网膜等。

【病因】 先天性脐部发育缺陷、胎儿出生后脐孔或腹股沟管闭合不全，或腹壁受到撞击使腹膜与腹壁肌肉破裂等，是发生疝的主要原因。

【临床症状】 病初在病兔腹下或腹下侧壁出现扁平或半球形凸起，用手触摸柔软（图 10-37、图 10-38）。压迫凸起部体积可显著缩小，同时可摸到皮下的疝气孔。脐疝位于脐孔部皮下，阴囊疝则在阴囊。

【剖检病变】 剖检或手术时可见病兔疝内为肠管、肠系膜或膀胱等脏器，有时这些脏器与疝孔周围的腹膜、腹肌或皮下结缔组织发生粘连。

【诊断要点】 依据病史、典型症状、病变及触诊摸到疝孔，即可做出诊断。

图10-37 腹壁发生柔软半球形膨胀，其中为进入皮下的肠管 （任克良）

图10-38 脐疝：脐部皮肤形成球形肿胀，其中为进入皮下的小肠 （任克良）

【防治】 病兔应淘汰或实施手术治疗。手术的主要操作是分离疝内容物与疝孔缘及疝囊皮下结缔组织的紧密粘连、将瘢痕化的陈旧疝孔修剪为新鲜创伤面、较大的疝孔采用水平褥式缝合、剪除松弛的疝囊皮肤后常规缝合皮肤切口。阴囊疝也可用压迫法治疗。术后控制病兔采食量，防治便秘，减少运动。

【诊治注意事项】 兔腹壁较薄，手术时一定要用镊子提起皮肤后再切开，否则容易切破疝囊中的脏器。

十二、耳血肿

耳血肿是指耳部皮下血管破裂，血液集聚在耳郭皮肤与耳软组织之间形成的肿块。血肿多发生在耳郭内侧，偶尔也可发生在外侧。

【病因】 耳血肿多由耳郭受机械性损伤如抓兔提耳等操作不当，造成血管破裂所致。

【临床症状与病变】 耳血肿一般发生于单侧耳郭，患耳因重量增加而下垂（图10-39）。耳郭局部隆起，与周边界限明显（图10-40），中心软，无触痛，但有灼热感和弹性。用注射器可从肿块中抽出红色或黄红色液体（图10-41）。病兔全身症状不明显。

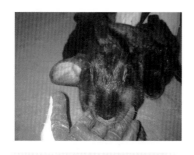

图 10-39　右侧患耳下垂，其
内侧皮下见一肿块　（任克良）

图 10-40　耳郭内侧皮下形成界限
明显的肿块　　　　（任克良）

【诊断要点】　本病可根据耳郭
症状和病变做出诊断。

【预防】　严禁提耳抓兔。防止
耳部受外力损伤。

【治疗】　先用 16 号针头注射器
抽出耳郭血肿内的液体，然后用泼尼
松 1 毫升、青霉素 20 万单位，注射水
2 毫升，混合后局部封闭，隔日 1 次，
一般 3 次即可治愈。

【诊治注意事项】　小的耳血肿
一般不需要治疗，由其自然吸收。

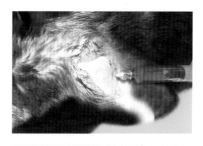

图 10-41　肿块内可抽出红色液体
（任克良）

十三、骨　折

兔的骨折往往是四肢骨受到损伤的一种外科病。骨折一般分为开放
性和非开放性两种。

【病因】　①笼底板制作不规范（板间隔太大、前后宽窄不一致
等），致使肢体落入笼底隙缝，挣扎致骨折。②捕捉或从高层兔笼坠落。
③运输途中受伤或患骨软症，也易造成骨折。

【临床症状与病变】　一般为突然发生。四肢发生骨折后，病兔不
能正常行走，甚至前进时拖地而行，骨折部检查时有异常活动感，触诊
疼痛，挣扎尖叫，局部明显肿胀（图 10-42）。有的骨折断端刺破皮肤露

出皮外，并有血液从破口流出（图10-43）。

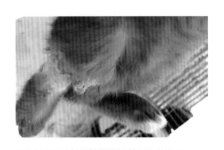

图 10-42 骨折部断端肿胀（任克良）

图 10-43 骨折断端组织坏死
（任克良）

【诊断要点】 根据症状和检查结果即可做出诊断。

【预防】 制作兔笼底板要规范，间隙 1.0～1.2 厘米，前后缝隙宽度一致。运输途中更要注意不能让兔脚伸出笼外，以免因其挣扎造成骨折。日常要关好笼门，防止家兔从高层掉下。

【治疗】 ①对非开放性骨折，应使家兔安静，必要时给予止痛镇静药。在骨折部位涂擦 10% 樟脑酒精后，将骨折两断端对接准确，用棉花包裹患肢，外包纱布，而后以长度适合的木片（一般长度应超过骨折部的上下关节。木片不能超过包裹的棉花，以免木片两端摩擦皮肤，造成损伤）和绷带包扎固定，3～4 周后拆除。②对开放性骨折，在包扎前用消毒液清洗，撒布青霉素、磺胺结晶（1:2），覆盖小块敷料，再按非开放性骨折的方法固定患肢，每天还应注射青霉素，以防止感染。对于已达出栏体重的骨折兔可进行淘汰处理。

十四、冻 伤

冻伤是因饲养环境温度低，致使家兔体表组织局部或全身损伤的病理变化。

【病因】 天气严寒，兔舍、兔笼保温不良，易造成家兔冻伤，露天饲养的兔更易发生。环境湿度大，家兔饥饿，体弱，幼小，运动量小等因素均可促使本病发生。

【临床症状与病变】 青年兔、成年兔的冻伤多发生于耳部与足部。

一度冻伤时，家兔表现为局部皮肤肿胀、发红和疼痛；二度冻伤时，家兔局部形成充满透明液体的水疱，水疱破裂形成溃疡，溃疡愈和后遗留斑痕；三度冻伤时，家兔局部组织干涸、皱缩以致坏死而脱落（图10-44）。病兔食欲下降，生长缓慢，种兔繁殖力也受到影响。哺乳仔兔如在产箱外受冻后，全身皮肤发红、发绀，迅速死亡。

图10-44 兔耳尖因严重冻伤而发生坏死 （任克良）

【诊断要点】 根据兔舍温度低和病变发生部位等特征，即可做出诊断。

【预防】 严冬季节要做好兔舍保温工作。密切注意当地天气形势报告，在突然降温来临之前，做好防寒工作，可用草帘或棉布帘挡住兔舍门、窗。

【治疗】 首先把冻伤家兔转移到温暖的地方，先用8～16℃的温水浸泡冻伤部位，局部干燥后，涂擦猪油或其他油脂。对患部发生肿胀的用1%的樟脑软膏涂抹。对于二度冻伤的病例，在囊疱基部作较小的切口，放出液体，然后涂擦紫药水或2%煌绿酒精溶液。对于三度冻伤的病例，将冻伤坏死组织清除掉，用0.1%高锰酸钾水溶液或2%硼酸水清洗，撒一些青霉素粉或涂擦1%碘甘油。冻伤严重时，病兔全身可应用抗生素、静注葡萄糖、维生素 B_1。

附　录

兔病综合防控技术

"家兔好养病难防"是广大养殖户的共同心声。家兔体型小，抗病力差，一旦患病往往来不及治疗或治疗费用高，为此，生产中严格遵循"预防为主，防重于治"的原则，根据家兔的生物学特性，依据家兔发病规律，采取兔病综合防控技术措施，保障兔群健康，提高养兔经济效益。

☞ 一、兔病发生的基本规律 ☜

1. 兔病发生的原因

兔病是机体与外界致病因素相互作用而产生的损伤与抗损伤的复杂斗争过程。在这个过程中，机体对环境的适应能力降低，家兔的生产能力下降。

兔病发生的原因一般可分为外界致病因素和内部致病因素两大类。

(1) 外界致病因素　主要是指家兔周围环境中的各种致病因素。

1) 生物性致病因素：包括各种病原微生物（细菌、病毒、真菌、螺旋体等）和寄生虫（如原虫、蠕虫等），主要引起传染病、寄生虫病、某些中毒病及肿瘤等。

2) 化学性致病因素：主要有强酸、强碱、重金属盐类、农药、化学毒物、氨气、一氧化碳、硫化氢等化学物质，主要引起中毒性疾病。

3) 物理性致病因素：炎热、寒冷、电流、光照、噪声、气压、湿度和放射线等诸多因素，有些可直接致病，有些可促发其他疾病。如炎热而潮湿的环境家兔容易中暑，高温可引起烧伤，强烈的阳光长时间照射可导致中暑，寒冷低温除可造成冻伤外，还能削弱家兔机体的抵抗力而致其发生感冒和肺炎等疾病。

4) 机械性致病因素：大多数情况下这种病因是受到来自外界的机械力作用，如各种击打、碰撞、扭曲、刺戳等可引起挫伤、扭伤、创伤、

关节脱位、骨折等。个别的机械力是来自体内，如体内的肿瘤、寄生虫、肾结石、毛球和其他异物等，可因其对局部组织器官造成的刺激、压迫和阻塞等而造成损害。

5）其他因素：除上述各种致病因素外，机体正常生理活动所需的各种营养物质和机能代谢调节物质（如蛋白质、糖、脂肪、矿物质、维生素、激素、氧气和水等）供给不足或过量，或是体内产生不足或过多，也都能引起疾病。

此外，应激因素在疾病发生上的意义也日益受到重视。

（2）内部致病因素　兔病发生的内部因素主要是指兔体对外界致病因素的感受性和抵抗力。机体对致病因素的易感性和防御能力与机体的免疫状态、遗传特性、内分泌状态、年龄、性别和兔的品种等因素有关。

2. 兔病的分类

根据兔病发生的原因可将兔病分为传染病、寄生虫病、普通病和遗传病四种。

（1）传染病　传染病是指由致病微生物（即病原微生物）侵入机体而引起的具有一定潜伏期和临床表现，并能够不断传播给其他个体的疾病。常见的传染病有病毒性传染病、细菌性传染病和真菌性传染病三大类。

（2）寄生虫病　本病是由各种寄生虫侵入机体内部或侵害体表而引起的一类疾病。常见的有原虫病、蠕虫病和外寄生虫病三种。

（3）普通病　普通病（非传染病）是由一般性致病因素引起的一类疾病。引起兔普通病常见的病因有创伤、冷、热、化学毒物和营养缺乏等。临床上，常见的普通病有营养代谢病、中毒性疾病、内科病、外科病及其他病等。

（4）遗传病　本病是指由于遗传物质变异而对动物个体造成有害影响，其表现为身体结构缺陷或功能障碍，并且这种现象能按一定遗传方式传递给其后代的疾病。如短趾、八字腿、白内障、牛眼等。

3. 兔病发生的特点

与其他动物相比，家兔的疾病发生、发展和防治不同，有如下特点。了解这些特点，有助于养兔生产者做好兔病防控工作。

1）机体弱小，抗病力差。与其他动物相比，家兔体小、抗病力差，容易患病，治疗不及时死亡率高。同时由于单个家兔经济价值较低，因此在生产中必须贯彻"预防为主，防重于治"的方针，同时及早发现，及时治疗。

2）消化道疾病发生率较高。家兔腹壁肌肉较薄，且腹壁紧着地面，若所在环境温度低，易导致腹壁着凉，肠壁受冷刺激时，肠蠕动加快，特别容易引起消化机能紊乱，引起腹泻，继而导致大肠杆菌、魏氏梭菌等疾病，为此应保持家兔所在环境温度相对恒定。

3）拥有类似与牛、羊等反刍动物瘤胃功能的盲肠，其微生物区系易受饲养管理的影响。家兔属小型草食动物，对饲草、饲料的消化主要靠盲肠微生物的发酵来完成。因此，保持盲肠内微生物区系相对恒定，是降低消化道疾病发生率的关键。为此生产中要坚持"定时、定量、定质，更换饲料要逐步进行"的原则。同时，治疗疾病时慎用抗生素，如使用不当，长期口服大量抗生素，就会杀死或破坏兔盲肠中的微生物区系，导致消化系统紊乱。故要求在预防、治疗兔病中要慎重选择抗生素的种类，使用一种新的抗生素要先做小试，同时给药方式以采取注射方式为宜，也要注意用药时间、剂量等。

4）大兔耐寒怕热，小兔怕冷。高温季节要注意中暑的发生。小兔要保持适宜的舍温。

5）家兔抗应激能力差。气候、环境、饲料配方、饲喂量等突然变化，往往极易导致家兔发生疾病，因此在生产的各个环节要尽量减少各种应激，以保障兔群健康。

二、兔病综合防控技术措施

1. 加强饲养管理

（1）重视兔场、兔舍建设，创造良好的生活环境 兔场的规划、建设，除满足家兔生理特性外，还应注意卫生防疫（附图 A-1）。兔舍是家兔生存的基本环境，也是家兔生产的必要基础。兔舍的小环境因素（包括温度、湿度、光照、噪声、尘埃、有害气体、气流变化等），时刻都在影响着兔体，生活在良好小环境中的家兔生长发育良好，发病率低，生产效率高，否则生产性能下降，严重者会患病死亡。为此，修建兔舍时应根据家兔的生活习性和生理特性，结合所在地区的气候条件和环境特

点，同时考虑拟饲养的家兔类型、品种、数量、饲养方式及投资力度等因素，选择、设计和建造有利于兔群健康、符合卫生条件、便于饲养管理、有利于控制疾病、能提高劳动生产力、科学实用的兔舍（附图 A-2）。

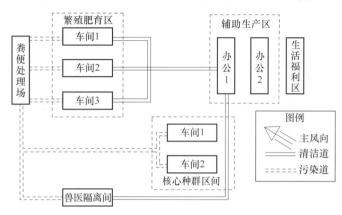

附图 A-1　兔场规划

给家兔提供良好的生活环境，保持适宜的温度、湿度、光照和通风换气（附图 A-3、附图 A-4），夏防暑、冬防寒，春、秋季节防气候突变，四季防潮湿，以获得较高的生产水平，保证兔群健康。

附图 A-2　密闭式兔舍

附图 A-3　兔舍通风、加温、降温设施

（2）合理配制饲料，饲喂要定时、定量、定质，更换饲料逐步进行 家兔属草食动物，应以青、粗饲料为主，精料为辅。目前饲养家兔的饲料有颗粒饲料和混合粉料等，配方要求饲料种类多样化，营养成分全面而平衡，符合饲养标准，以保证兔群正常的生长发育，防止发生营养缺乏症。

"定时"就是固定每天饲喂的时间和次数，这样可使家兔养成定

附图 A-4 水帘降温设施

时采食、排泄的习惯，从而有规律地分泌消化液，促进消化吸收。"定量"就是依据兔的生理状态、季节和饲料特点，确定每天大致饲喂量，不可忽多忽少，这样既可增强家兔的食欲，又可提高饲料利用率，利于促进家兔生长，减少疾病尤其是降低消化道疾病的发病率。"定质"就是家兔的饲料配方要相对稳定。必须更换饲料时，要逐步过渡，先更换1/3，间隔2～3天再更换1/3，约1周全部更换完，使家兔的采食习惯和消化机能逐渐适应变换的饲料。如突然改变饲料，易引起家兔消化不良，腹泻或便秘，甚至诱发大肠杆菌病、魏氏梭菌病等。

目前我国已研制出家兔定时、定量自动饲喂系统。国外多使用自动饲喂系统，要求按照自由采食方式设计饲料配方（附图 A-5）。

（3）按照家兔不同的生理阶段实行科学的饲养管理 家兔生理阶段不同，其营养需要和管理要求也不尽相同。

1）仔兔：从出生至断奶的小兔为仔兔（附图 A-6）。这一阶段要使仔兔早吃奶（初乳），吃足奶，防饿死，防黄尿病，防冻死，防兽害，防被母兔残食，防意外伤残。从第18天开始，应及时补给易消化、富有营养的饲料，同时应添加抗球虫药，适时断奶。断奶以断奶不离窝为宜。

2）幼兔：断奶至3月龄为幼兔。实践证明，幼兔最难饲养，应供给富含蛋白质又易消化的饲料，饲喂以"少量多次，定时、定量、定质"为原则，预防球虫病，接种各种疫苗，是这一阶段的重要工作内容，同时保持兔舍清洁卫生。

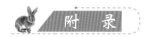

附图 A-5　自动饲喂系统

附图 A-6　仔兔

3）青年兔：3～6月龄的兔为青年兔。此时公、母兔应分开饲养，防止早配。青年兔代谢旺盛、采食量大，日粮中应适当加大粗饲料的比例，这样有利于兔的健康，又可以降低饲养成本。

4）妊娠母兔：妊娠母兔日粮营养以中等水平为宜，妊娠中、后期要防止捕捉、拔毛，避免其受到各种不良刺激，以防流产。有沙门氏菌流产史的兔场，在母兔妊娠初期应接种沙门氏菌灭活苗进行预防。产前要对产箱进行清洗、消毒，放入刨花等垫草，预产期要有人值班，以防发生意外事故。

5）哺乳母兔（附图 A-7）：母兔哺乳期一般为 28～42 天，此期除应保持兔舍、兔笼清洁卫生，环境安静，饲料多样化、营养丰富、适口性好外，还应根据哺乳仔兔数、产后天数等决定饲喂量。产后 1～3 天应减少精料喂量，经常检查母兔乳房，防止发生乳腺炎。

6）种公兔：种公兔要一笼一兔（附图 A-8），以防其相互咬斗。兔笼地板要光滑，经常清扫、消毒，以防发生生殖器官疾病。公兔的日粮要注意添加维生素 A、维生素 D、维生素 E，以及微量元素锌、铁、铜、锰、硒等，以提高配种受胎率。配种前检查公、母兔的生殖器官是否有炎症和兔梅毒等疾病。公兔 1 天可交配 1～2 次，连续 2 天，休息 1 天。

提倡人工授精技术的利用和普及，以提高配种效率，控制疾病传播。

附图 A-7　哺乳母兔　　　　　附图 A-8　单笼饲养的种公兔

（4）加强选种，制订科学繁育计划，降低遗传性疾病发病率　遗传性疾病是病兔及其上代的遗传因素所决定的，并非由外界因素（如致病微生物、饲料、环境等）所致。选种时严格淘汰如牛眼、牙齿畸形、八字腿、白内障、垂耳畸形、侏儒、震颤、脑积水、癫痫等个体。同时制订科学繁育计划，避免近亲繁殖，提高后代生产性能和降低群体遗传性疾病的发病率。

（5）培育健康兔群　发达国家花费巨大人力和财力培育无特定病原（SPF）群，此做法目前我国广大农户很难做到，但要创造条件，培育健康兔群，组成核心群。注意定期检疫与驱虫，淘汰带菌、带毒、带虫兔，保持兔群相对无病状态。同时加强卫生防疫工作，严格控制各种传染性病原的侵入，保证兔群的安全与健康。培育健康兔群常用的方法有人工哺乳法和保姆寄养法，其所用的兔舍、兔笼、饲料、饮水、用具及铺垫物等，均需经过消毒处理，防止污染。饲养人员应专职固定，严格管理。

2. 坚持自繁自养，慎重引种

养兔场（户）应选用经培育的生产性能优良的公、母种兔进行自繁自养，这样既可以降低养兔成本，又能防止因引种而带入疫病。为了调

换血统，必须引进新的品系、品种时，只能从非疫区购入种兔，经当地兽医部门检疫，并发给检疫合格证，再经本场兽医验证、检疫，在离生产区较远的地方，隔离饲养观察，确认健康者，经驱虫、消毒（没有接种疫苗的补注疫苗）后，方可进入生产区混群饲养。

涉及进出境的动物检疫，按《中华人民共和国进出境动植物检疫法》执行。对家兔重点检疫兔瘟、黏液瘤病、魏氏梭菌病、巴氏杆菌病、密螺旋体病、野兔热、球虫病和螨病等。

3. 减少各种应激因素的影响

所谓应激因素，是指那些在一定条件下能使家兔产生一系列全身性、非特异性的反应。常见的应激因素有密集饲养、气候骤变、突然更换饲料、更换场舍、刺号、称重、接种疫苗、炎热、长途运输、噪声惊吓、追赶、捕捉、发生咬架、创伤、饥饿、过度疲劳等。在应激因素作用下，家兔机体所产生的一系列反应叫作应激反应，此时动物处于应激状态，在该状态下，所表现的各种反应是家兔企图克服各种刺激的危害，这样不仅影响家兔生长发育，加重原有疾病的病情，还可诱发新的疾病，有时甚至导致家兔死亡。养兔生产中，应尽量减少各应激因素的发生，或将应激强度降低、时间减少。如仔兔断奶采用原笼饲养法；断奶、刺号间隔进行；长途调运采用铁路运输为佳；兔舍饲养密度不宜过大；饲料配方变化逐渐进行；严禁生人或野兽进入兔群；日粮中添加维生素 C；以上方法均可降低家兔应激反应。

4. 建立卫生防疫制度并认真贯彻落实

（1）进入场区要消毒 在兔场和生产区门口及不同兔舍间，设消毒池或紫外线消毒室，池内消毒液要经常保持有效浓度，进场人员和车辆等须经消毒后方可入内（附图 A-9 ～附图 A-11）。兔场工作人员进入生产区，应换工作服、穿工作鞋、戴工作帽，并经过消毒间经消毒后进入，出来时脱换。在区内不能随便串岗串舍。非饲养人员未经许可不得进入兔舍。

（2）场内谢绝参观，禁止其他闲杂人员和有害动物进入场内 兔场原则上谢绝入区进舍参观，必要的参观或检查，要按场内工作人员对待，严格遵守各种消毒规章制度。严禁兔毛、兔皮及肉兔商贩、场外车辆、用具进入场区，已调出的兔严禁再返回兔舍，种兔场种兔不准对外配种，场区内不准饲养其他畜禽。

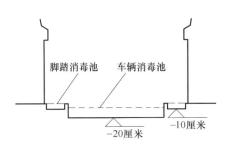

脚踏消毒池　车辆消毒池

−20厘米　　−10厘米

图 A-9　兔场大门口车辆消毒池及人的脚踏消毒池断面

附图 A-10　消毒池

（3）搞好兔场环境卫生，定期清洁消毒　首先，饲养人员要注意个人卫生，结核病人不能在养兔场工作。兔笼、兔舍及周围环境应天天打扫干净，经常保持清洁、干燥，使兔舍内温度、湿度、光照适宜，空气清新无臭味、不刺眼。食槽、水槽和其他器具也应保持清洁，定期对兔笼、地板、产箱、工作服等进行清洗、消毒，兔舍每隔 1~2 个月，全场每隔半年至 1 年进行 1 次大扫除和消毒。清扫的粪便及其他污物等，应集中堆放于远离兔舍的地方进行焚烧、喷洒化学消毒药、掩埋或做生物发酵消毒处理（附图 A-12、附图 A-13）。生物发酵经 30 天左右，方可作为肥料使用。兔场要做到人员、清粪车、饲喂等用具相对固定，不准乱拿乱用。

附图 A-11　消毒间

（4）杀虫灭鼠防兽，消灭传染媒介　蚊、蝇、虻、蜱、跳蚤、老鼠等是许多病原微生物的宿主和携带者，能传播多种传染病和寄生虫病，要采取综合措施设法消灭。首先，在修建兔舍时，与外界相通的道口要加装铁丝网或窗纱，下水道要加隔网，防止蚊、蝇、老鼠进入，同时结

附图 A-12　粪便作生物发酵　　　　附图 A-13　粪、尿处理池

合场（舍）日常清扫、消毒工作，彻底清除场（舍）内、外杂物、垃圾及乱草堆等，填平死水坑。使鼠类无藏身繁殖场所，蚊蝇无法滋生。可选用敌敌畏、敌百虫、灭蚊净、灭害灵等杀虫剂喷洒杀虫。老鼠等鼠类不仅偷吃饲料，残食初生仔兔，还可以携带病原，传播疾病，兔场必须做好灭鼠工作。

狗、猫等动物易传播许多疾病，如豆状囊尾蚴、弓形虫病等，也易造成惊群。因此，养兔场应禁止饲养狗、猫等动物，必须饲养时应加强管理，并对其进行定期检疫和驱虫。

5. 严格执行消毒制度

消毒是预防兔病的重要一环。其目的是消灭散布于外界环境中的病原微生物和寄生虫，以防止疾病的发生和流行。在消毒时要根据病原体的特性、被消毒物体的性能和经济价值等因素，合理地选择消毒剂和消毒方法。

兔场要建立严格的消毒制度，兔舍、兔笼及用具每季度进行 1 次大清扫、大消毒，每周进行 1 次重点消毒。

1）兔舍消毒：应先彻底清除剩余饲料、垫草、粪便及其他污物，用清水冲洗干净，待干燥后进行药物消毒。可选用 2% 热氢氧化钠溶液，20%～30% 热草木灰水溶液，5%～20% 漂白粉水溶液，10%～20% 石灰乳、4% 热碳酸钠水溶液、0.5%～5% 氯胺水溶液或 0.05% 百毒杀等消毒剂。当用腐蚀性较强的消毒药消毒后，必须用清水冲洗，待干燥后才能放入兔子。

2）场地消毒：在清扫的基础上，除用上述消毒药外，还可选用5%来苏儿，1%~3%农福，3%~5%臭药水，2.5%~10%优氯净，2%~4%福尔马林水溶液，0.5%过氧乙酸等。

3）兔笼及用具消毒：应先将污物去除，用清水洗刷干净，干燥后再进行药物消毒。金属用具可用0.1%新洁尔灭、0.1%氯己定、0.1%度米芬、0.1%消毒净或0.5%过氧乙酸等消毒。木制品的消毒可用1%~3%热氢氧化钠溶液、5%~10%漂白粉水溶液、0.1%新洁尔灭、0.5%过氧乙酸、0.1%消毒净、0.5%消毒灵、0.03%百毒杀或5%优氯净等消毒。兔笼、产箱等耐火焰的用具用火焰消毒效果最好（附图 A-14）。

4）仓库消毒：常用5%过氧乙酸溶液、福尔马林熏蒸消毒。

5）毛、皮消毒：常用环氧乙烷等消毒。

6）医疗器械消毒：除煮沸或蒸汽消毒外，常用药物有0.1%氯己定、0.1%新洁尔灭、0.05%消毒宁（加亚硝酸钠0.5%）或0.1%度米芬水溶液。

附图 A-14　产箱火焰消毒

7）工作服、手套消毒：可用肥皂水煮沸消毒或高压蒸汽消毒。

8）粪便及污物处理：可采用烧毁、掩埋或生物热发酵等。

6. 制定科学合理的免疫程序并严格实施

免疫接种是预防和控制家兔传染病十分重要的措施。免疫接种就是用人工的方法，把疫苗或菌苗等注入家兔体内，从而激发家兔产生特异性抵抗力，使易感的家兔转化为有抵抗力的家兔，以避免传染病的发生和流行。

（1）家兔常用的疫苗　目前家兔常用的疫苗种类、使用方法及注意事项见附表 A-1。

附表 A-1　常用疫苗种类和用法

疫（菌）苗名称	预防的疾病	使用方法及注意事项	免　疫　期
兔瘟灭活苗	兔瘟	30～35 日龄初次免疫，皮下注射 2 毫升；60～65 日龄二次免疫，剂量 1 毫升，以后每隔 5.5～6.0 个月免疫 1 次，5 天左右产生免疫力	6 个月
巴氏杆菌灭活苗	巴氏杆菌病	仔兔断奶免疫，皮下注射 1 毫升，7 天后产生免疫力，每只兔每年注射 3 次	4～6 个月
波氏杆菌灭活苗	波氏杆菌病	母兔配种时注射，仔兔断奶前 1 周注射，以后每隔 6 个月皮下注射 1 毫升，7 天后产生免疫力，每只兔每年注射 2 次	6 个月
魏氏梭菌（A 型）氢氧化铝灭活苗	魏氏梭菌病	仔兔断奶后即皮下注射 2 毫升，7 天后产生免疫力，每只兔每年注射 2 次	6 个月
伪结核灭活菌苗	伪结核耶新氏杆菌病	30 日龄以上兔皮下注射 1 毫升，7 天后产生免疫力，每只兔每年注射 2 次	6 个月
大肠杆菌病多价灭活苗	大肠杆菌病	仔兔 20～25 日龄进行首免，皮下注射 1 毫升，待仔兔断奶后再免疫 1 次，皮下注射 2 毫升，7 天后产生免疫力，每只兔每年注射 2 次	6 个月
沙门氏菌灭活苗	沙门氏菌病（下痢和流产）	妊娠初期及 30 日龄以上的兔，皮下注射 1 毫升，7 天后产生免疫力，每只兔每年注射 2 次	6 个月

（续）

疫（菌）苗名称	预防的疾病	使用方法及注意事项	免 疫 期
克雷伯氏菌灭活苗	克雷伯氏菌病	仔兔20日龄进行首免，皮下注射1毫升，仔兔断奶后再免疫1次，皮下注射2毫升，每只兔每年注射2次	6个月
葡萄球菌病灭活苗	葡萄球菌病	每只兔皮下注射2毫升，7天后产生免疫力	6个月
呼吸道病二联苗	巴氏杆菌病、波氏杆菌病	妊娠初期及30日龄以上的兔，皮下注射2毫升，7天后产生免疫力，母兔每年注射2次	6个月
兔瘟-巴氏-魏氏三联苗	兔瘟、巴氏杆菌病、魏氏梭菌病	青年、成年兔每只皮下注射2毫升，7天后产生免疫力，每只兔每年注射2次。不宜作初次免疫	4～6个月

（2）免疫接种类型 家兔免疫接种类型有以下两种。

1）预防接种。为了防患于未然，平时必须有计划地给健康兔群进行免疫接种。

2）紧急接种。在发生传染病时，为了迅速控制和扑灭疫病，而对疫群、疫区和受威胁区域尚未发病的兔群进行应急性免疫接种。实践证明，在疫区内使用兔瘟、魏氏梭菌、巴氏杆菌、支气管败血波氏杆菌等疫（菌）苗进行紧急接种，对控制和扑灭疫病具有重要作用。

紧急接种除使用疫（菌）苗外，也常用免疫血清。免疫血清虽然安全有效，但常因用量大、价格高、免疫期短，大群使用往往供不应求，目前在生产上很少使用。

（3）推荐的兔群防疫程序 为了保障兔群安全生产，促进养兔业健康发展和经济效益的提高，养兔场（户）应根据兔病最新流行特点和本场兔群实际情况，制定科学、合理的兔群防疫程序并严格执行。根据笔者研究结果和生产实践，以下程序可供参考。

1）17～90日龄仔、幼兔每千克饲料中加150毫克氯瓜、1毫克地克

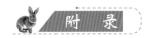

珠利或兔宝 1 号（山西省农科院畜牧所研究成果），可有效预防兔球虫病的发生。治疗剂量加倍。目前添加药物是预防家兔球虫病最有效、成本最低的一种措施。

2）产前 3 天和产后 5 天的母兔，每天每只喂穿心莲 1 ~ 2 粒，复方新诺明片 1 片，可预防母兔乳腺炎和仔兔黄尿病的发生。对于乳腺炎、仔兔黄尿病、脓肿发生率较高的兔群，除改变饲料配方、控制产前和产后饲喂量外，繁殖母兔每年应注射两次葡萄球菌病灭活疫苗，剂量按说明书规定。

3）20 ~ 25 日龄仔兔注射大肠杆菌疫苗，以防因断奶等应激造成大肠杆菌的发生。有条件的大型养兔场可用本场分离到的菌株制成的疫苗进行注射，预防效果确切。

4）30 ~ 35 日龄仔兔首次注射兔瘟单联或瘟-巴二联苗疫苗，每只颈皮下注射 2 毫升。60 ~ 65 日龄时再皮下注射 1 毫升兔瘟单联苗或二联苗以加强免疫。种兔群每年注射 2 次兔瘟疫苗。

5）40 日龄左右注射魏氏梭菌疫苗，皮下注射 2 毫升，免疫期为 6 个月。种兔群应注射魏氏梭菌菌苗，每年 2 次。

6）根据兔群情况，还应注射大肠杆菌疫苗、波氏杆菌疫苗等。

7）每年春、秋两季对兔群进行两次驱虫，可用伊维菌素皮下或口服用药，不仅对兔体内寄生虫（如线虫）有杀灭作用，也可以治疗兔体外寄生虫（如螨病、蚤虱等）。

8）毛癣菌病的预防。引种必须从健康兔群中选购，引种后必须隔离观察至第一胎仔兔断奶时，如果仔兔无本病发生，才可以混入原兔群。一旦发现兔群中有眼圈、口部、耳根或身体任何部位有脱毛，脱毛部位有白色或灰白色痂皮，应及时隔离，最好淘汰，并对其所在笼位及周围环境用 2% 氢氧化钠或火焰进行彻底消毒。严禁商贩进入兔舍。

9）中毒病的预防。目前危害养兔生产的主要问题是饲料霉变中毒问题，因此对使用的草粉、玉米等原料应进行全面、细致的检查，一旦发现有结块、发黑、发绿、有霉味、含土量大等问题，应坚决弃之不用。饲料中添加防霉制剂对预防本病有一定的效果。饲料中使用菜籽饼、棉籽饼等时，要经过脱毒处理，且添加量应不超过 5%，仅可饲喂商品兔。

（4）防疫过程中应注意的事项

1）购买疫苗时，最好使用国家正式批准生产厂家的疫苗，同时应认真检查疫苗的生产日期、有效期及用法用量说明。另外，还要检查疫苗瓶有无破损、瓶塞有无脱落与渗漏，禁止使用无批号或有破损的疫苗。

2）注射用针筒、针头要经煮沸消毒 15～30 分钟、冷却后方可使用。疫区应做到一兔一针头。

3）疫苗使用前、注射过程中应不停地振荡，使注射进去的疫苗均匀。

4）严格按规定剂量注射疫苗，不能随意增加或减少剂量。为了防止疫苗吸收不良，引起硬结、化脓，对于注射 2 毫升的疫苗，针头进入皮下后，做扇形运动，一边运动，一边注射疫苗或在两个部位各注射一半。

5）当天开瓶的疫苗当天用完，剩余部分要坚决废弃。

6）临产母兔尽量避免注射疫苗，以防因抓兔而引起流产。

7）防疫注射必须在兽医人员的指导、监督下进行，由掌握注射要领的人员实施，一定要认真仔细安排，由前到后，由上到下逐个抓兔注射，防止漏注。对未注射的家兔应及时补注。

8）同一季节需注射多种疫苗时，未经联合试验的疫苗宜单独注射，且前后两次疫苗注射间隔时间应在 7 天左右。

9）兽医人员要填写疫苗免疫登记表，以便安排下一次防疫注射日期。

10）疫苗空瓶要集中进行无害化处理，不能随意丢弃。

11）使用的药物和添加剂要充分搅拌均匀。使用一种新的饲料添加剂或药物，先做小批试验，确定安全后方可大群使用。

7. 有计划地进行药物预防及驱虫

对兔群应用药物预防疾病，是重要的防疫措施之一，尤其在某些疫病流行季节之前或流行初期，将安全、低廉、有效的药物加入饲料、饮水或添加剂中进行群体预防和治疗，可以收到显著的效果。

8. 加强饲料质量检查，注意饲料、饮水卫生，预防中毒病发生

俗话说"病从口入"，饲料、饮水卫生的好坏与家兔的健康密切相关，应严格按照饲养管理的原则和标准实施，饲料从采购、采集、加工调制到饲料保存、利用等各个环节，要加强质量和卫生检查与控制。严禁饲喂发霉、腐败、变质、冰冻饲料，保证饮水清洁而不被污染。

预防中毒病的发生是养兔生产者，尤其是规模养兔场不可忽视的一个重要内容。常见的中毒病有以下几种。

（1）药物中毒 主要是驱虫药物中毒和其他磺胺类、呋喃类、抗生素、抗球虫药物中毒。常见的有土霉素、呋喃唑酮、喹乙醇、马杜拉霉素、氯羟吡啶等中毒。为预防中毒，应注意以下几点：①严格按药物说明书使用，剂量要准确，不能随意加大用药量和延长用药时间。②加入饲料中的药物要充分搅拌均匀。③预防和治疗疾病，尽量避免用治疗量与中毒量相近的药物，如抗球虫病用的马杜拉霉素等。

（2）饲料中毒 常见的有棉籽饼、菜籽饼、马铃薯、食盐等中毒。为防止中毒，可采取以下措施：①控制用量。家兔日粮中棉籽饼、菜籽饼以不超过5%为宜，食盐用量以0.3%~0.5%为宜，不用发芽、发绿、腐烂的马铃薯等。②脱毒。用经脱毒处理的棉籽饼、菜籽饼喂兔，既可防止中毒，又可适当提高日粮中粗料所占比例，降低饲料成本。

（3）霉变饲料中毒 霉变饲料中毒在养兔生产中经常发生。防止措施有：①收集、选购时要严格进行质量检查。②储放饲料间要干燥、通风，温度不宜过高，控制饲料中水分含量，以防饲料发生霉败。③添加防霉剂，可有效防止饲料发霉，常用的有丙酸、丙酸钠、延胡索酸、克霉、霉敌、万保香等。④饲喂前要仔细检查饲料质量，如发现饲料出现霉变，就应坚决废弃，严禁饲喂。⑤炎热季节，每次给兔加料量不宜太多，以防饲料槽底积料发霉。

（4）有毒植物中毒 常见的有毒植物有：茵菜、毒芹、乌头、曼陀罗花、毒人参、野姜、高粱苗笋。防止措施有：①了解本地区的毒草种类。②饲喂人员要提高识别毒草的能力。③凡不认识或怀疑有毒的植物，一律禁喂。

（5）农药中毒 常用的农药，如有机磷化合物（敌百虫、敌敌畏、乐果等），主要用于农作物杀虫剂和治疗动物的外寄生虫病。如果家兔采食了刚喷洒过农药的植物，或饲料源被农药污染，或治疗兔疥螨等体外寄生虫时，用药不当，均可引起家兔中毒。为防止中毒应注意以下几点：①妥善保管好农药，防止饲料源被农药污染。②严格控制青饲料的来源，采集青饲料的工作人员要有高度责任感，不采喷洒过农药的饲料作物或青草喂兔，对可疑饲料坚决不喂。③用上述药品治疗兔体外寄生虫病时，要严格遵守使用规则，防止中毒。

（6）灭鼠药中毒 灭鼠药毒性大，家兔误食后可引起急性死亡。故应注意：①在兔舍放置毒鼠药时，要特别小心，勿使家兔接触或误食。②饲料加工间内严禁放置灭鼠药，以防混入饲料。③及时清除未被鼠类采食的灭鼠药，以防污染饲料、饮水等。

9. 细心观察兔群，及时发现疾病，及时诊治或扑灭病兔

兔子体格弱小，抗病力差，一旦发病，如不能及时发现和治疗，病情往往在很短时间内恶化，引起死亡或将疾病传染给同群其他个体，造成很大的经济损失。因此，在养兔生产中，饲养管理人员要和兽医人员密切配合，结合日常饲养管理工作，注意细心观察兔的行为变化，并进行必要的检查，发现异常个体，及时诊断和治疗，以减少不必要的损失或将损失降至最低程度。

三、兔病诊断技术

兔病诊断内容包括临床诊断、流行病学诊断、剖检病理学诊断和实验室诊断。

1. 临床诊断

临床诊断是疾病诊断工作中最常用和首先采用的一些检查方法。它是利用人的感觉器官或借助一些最简单的诊断器材（如体温计、听诊器等），直接对病兔进行检查。对于家兔某些具有特征性症状表现的典型病例，经过仔细地临床检查，一般不难做出诊断。临床诊断的基本方法如下：

（1）问诊 是以询问的方式向饲养管理人员或防疫员等进行调查，了解与发病有关的情况和经过，一般在作其他检查之前进行，也可贯穿于其他检查过程之中。通过问诊，有时可以掌握一些重要的诊断依据，为进一步检查提供方向。问诊内容主要包括以下几个方面。

1）病史：包括既往病史和现有病史。了解病兔以往的健康状况，以前是否发生过类似疾病，如何处治，效果如何，本次疾病发生的时间、发病经过、主要表现，采取过什么措施，用什么药物及效果如何等。

2）周围兔只或本场其他兔群的健康状况。了解同一兔群中有多少兔先后或同时发生过类似疾病，邻舍及附近场、区兔群最近是否也有类似疾病发生等。

3）饲养管理及预防用药情况。主要了解饲料的种类、来源、质量、

饲喂量及最近是否有饲料变化，饲养人员是否有顶班现象，场舍的卫生状况，管理制度；接种疫苗的种类、来源，接种时间和接种方法，以及其他预防药物的使用情况等。

对问诊所掌握的情况，要实事求是地记录下来，不能随意发挥。

（2）**视诊** 主要是用肉眼直接观察病兔目前的状态和各种异常现象。通过视诊可以发现许多很有意义的症状，为进一步诊断检查提供线索。

视诊包括体形外貌、体格发育、营养状况、精神状态、运动姿势及被毛、皮肤和可视黏膜的变化等。还要注意某些生理活动是否正常，如有无喘气、咳嗽、流涎及异常的采食、咀嚼、吞咽和排泄动作等，也要特别留意粪便和尿液的性状、数量等。

（3）**触诊** 是用手触摸、按压检查部位进行疾病诊断的一种方法。通过触诊可以判断被检器官和组织的状态，确定病变的位置、形态、大小、质地、温度、敏感性和移动性等。

浅部触诊主要用于检查体表和浅在部位器官组织的功能状态，如检查体表温度、湿度，皮肤及皮下组织厚度、弹性、硬度，肌肉紧张性及局部肿物的性状等。检查者常以手掌的掌面或手背接触或按压被检部位皮肤，或按一定顺序触摸，对可疑部位或患部肿物用手指按压或揉捏，根据手感和检查时病兔的反应进行判断。深部触诊常用于体腔内器官的检查，常用像家兔妊娠检查的方法，触摸腹部（附图 A-15）。有时还可借助器械进行间接触诊，如使用探针对某些创伤进行探诊检查等。

（4）**听诊** 是通过听觉辨别患病家兔及其体内某些器官活动过程中所产生的各种声音，根据声音及其性质的变化推断体内器官功能状态和病理变化的一种诊断方法。临床上常用于心脏、肺、胃和肠的检查。如听诊心脏的搏动音，可知其频率、强度、节律及有无杂音；听诊肺部可知呼吸数、呼吸节律、肺泡呼吸音的强弱及是否有啰音和

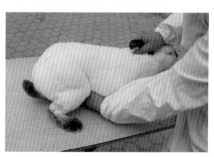

附图 A-15　腹部触诊法

摩擦音等；听诊腹部可知胃肠是否蠕动及蠕动的强弱等。

（5）叩诊 对患病家兔体表某一部位进行叩击，根据所产生声音的特性来推断叩击部位组织器官有无病理变化的一种诊断方法，可用于胸、腹腔脏器的检查。叩诊时所产生声音的性质主要取决于叩诊部位有无气体或液体，以及其量的多少，还与叩诊部位组织的厚度、弹性等有关。如叩击腹部有鼓音，则系胃肠严重臌气。

（6）嗅诊 是利用嗅觉辨别患病家兔的排泄物、分泌物、呼出气体以及兔舍和饲料等的气味，借以推断疾病的方法。嗅诊在兽医临床诊断检查中有时具有重要意义。如当病兔呼出气体有烂苹果味（酮味），可能患妊娠毒血症；病兔腹泻时排出的恶臭水样粪便，提示患魏氏梭菌病等。

2. 流行病学诊断

流行病学诊断就是通过问诊、座谈、查阅病历、现场观察和临床检查等方式取得第一手资料。

（1）疾病的发生情况 了解最初发病的时间和兔舍位置，了解疾病传播蔓延速度和范围、发病数量，病兔性别、年龄、症状表现，发病率和死亡率以及剖检变化等。如仅为母兔发病尤其是妊娠、哺乳及假妊娠的可能为妊娠毒血症；外生殖有病变，且多为繁殖兔（包括母兔、公兔）应考虑兔密螺旋体病、外生殖道炎症等；发病死亡率高，年龄多在3月龄以上，可能是兔瘟；断奶前后兔腹泻的，多为大肠杆菌病。

（2）病因调查 了解本场或本地过去是否发生过类似疾病，流行情况如何，是否做过确诊，采取过何种防治措施，效果如何。本次发病前是否引进种兔，新购种兔进场是否检疫和隔离。饲料原料、配方及饲养管理最近是否有较大改变，包括饲料的种类、来源、储存、调制、饲喂方式等，同时注意饲养人员是否改变；饲料质量怎样，是否发霉变质；如果是购买的饲料，了解厂家的饲料配方、原料是否变化。当地气候是否突变，兔舍的温度、湿度和通风情况如何，附近有无工矿废水和毒气排放。兔场的鼠害情况和卫生状况好坏；兔场是否养狗、猫等动物。兔场最近是否进行过杀虫、灭鼠或消毒工作，用过什么药物等。收皮、收毛等商贩是否进入过兔舍。

（3）预防免疫、用药情况 了解本场兔群常用什么药物和疫苗进行疾病预防，用量多少，如何使用，饲料中添加过哪些添加剂，什么时候

开始添加，使用了多长时间等。常见的有兔瘟免疫程序不当或疫苗问题导致兔瘟发生。未进行小试就大面积使用厂家推荐的饲料添加剂，易导致家兔消化道疾病的发生。

（4）疾病的发展变化和防治效果　了解病兔的初期表现与中、后期表现，一般病程多长，结局怎样，是否使用过什么药物进行防治，药物用量，使用多长时间，效果如何等。

3. 剖检病理学诊断

根据临床诊断尚不能确诊的疾病，必须对病兔或尸体进行解剖，根据剖检特点，再结合临床症状、流行病学特点，对疾病做出正确诊断。

对死亡的兔尸或病兔进行解剖检查，通过对病死兔的内脏器官、组织病变进行观察，以便了解疾病所在的部位、性质，为明确诊断提供依据。

剖检最好在专门的剖检室（或兽医室）进行，便于消毒和清洗。如现场剖检，应选择远离兔舍和水源的场所进行。

4. 实验室诊断

通过临床症状、剖检难以确诊的疾病，应进一步作实验室检查。实验室诊断即利用实验室的各种仪器设备，通过实验室操作，对来自病兔的各种病料进行检查或检测，随后通过结果分析，对疾病做出比较客观和准确的判断。实验室检查的内容很多，对普通病来说一般只进行一些常规检查；对于某些传染病和寄生虫病则应作病原检查；若疑为中毒性疾病，有条件时可进行毒物检测。

5. 综合诊断

根据流行病学诊断、临床检查、病理剖检、实验室检查等资料，综合分析，最终做出诊断。根据结果，选择相应的治疗药物和方法，以达到治愈疾病目的，同时做好今后兔病的预防工作。需要指出的是，兔病诊断过程需要具有丰富畜牧知识和兽医实践经验，同时具备能在众多信息中敏锐找出主要矛盾的人员从事该项工作。在具体诊断过程中，如果善于抓住特征性临床表现、流行特点或病理变化等，可以迅速做出较为准确的诊断，因此，要求兽医工作者、养兔者不断加强业务学习，虚心向有经验的专家请教，在实践过程中勤于思考，这样就可在发生疾病时及时做出诊断。

四、兔病治疗技术

1. 保定方法

（1）徒手保定法

方法1：一手连同两耳将颈肩部皮肤大把抓起，另一手托起或抓住臀部皮肤和尾部即可（附图 A-16），并可使腹部向上，本法适于眼、腹、乳房、四肢等疾病的诊治。

方法2：保定者抓住兔的颈部被侧背部皮肤，将其放在检查台上或桌子上，两手压住兔头，拇指、食指固定住耳根部，其余三指压住前肢，即可达到保定的目的（附图 A-17）。本法适于静脉注射、采血等操作。

（2）手术台保定

将兔四肢分开，使病兔仰卧于手术台上，然后分别固定头和四肢（附图 A-18）。本法适用于兔的阉割术，乳房疾病治疗和剖宫产等腹部手术。

（3）保定盒、保定箱保定

1）保定盒保定：保定时，后盖启开，将兔头向内放入，待兔头从前端内套中伸出后，调节内套使之正好卡住兔头，以不能缩回筒内为宜，装好后盖（附图 A-19）。

附图 A-16　家兔徒手保定法1

附图 A-17　家兔徒手保定法2

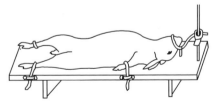

附图 A-18　兔的手术台保定

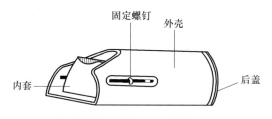

固定螺钉　　外壳

内套

后盖

附图 A-19　兔固定盒结构

2）保定箱保定：保定箱分箱体和箱盖两部分，箱盖上挖有一个半月形缺口，将兔放入箱内，拉出兔头，盖上箱盖，使兔头卡在箱外（附图 A-20）。此法适用于治疗头部疾病、耳静脉输液、灌药等。

（4）化学保定法　主要是应用镇静剂和肌松剂，如静松灵、戊巴比妥钠等使家兔安静，无力挣扎，剂量按说明使用。

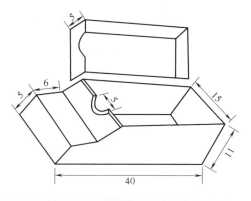

附图 A-20　保定箱（单位：厘米）

2. 给药方法

（1）口服给药

1）自由采食法：适用于毒性小、适口性好、无不良异味的药物；或兔患病较轻、尚有食欲或饮欲时。本法多用于大群预防性给药或驱虫。

【方法】　把药混于饲料或饮水中。饮水中药物应易溶于水。

【注意事项】　药物必须均匀地混于饲料或饮水中。

2）灌服法：适用于药量小、有异味的片（丸）剂药物；或食欲废绝的病兔。

【方法】　片剂药物要先研成粉状，把药物放入匙柄内（汤匙倒执），一手抓住耳部及颈部皮肤把兔提起，另一手将汤勺从一侧口角把药放入嘴内，取出汤勺，让兔自由咀嚼后再把兔放下（附图 A-21）。如果药量较多，药物放入嘴内后再灌少量饮水。如果是水剂可用注射器（针头取掉）从口角一侧慢慢把药挤进口腔。

【注意事项】 服药时要观察兔只是否吞咽，不能强行灌服，否则易灌入气管内，造成异物性肺炎。

3）胃管给服法：一些有异味、毒性较大的药品或病兔拒食时采用此法。

【方法】 由助手保定兔并固定好头部，用开口器（木制或竹制，长10厘米，宽1.8~2.2厘米，厚0.5厘米，正中开一比胃管稍大的小圆孔，直径约0.6厘米）使兔口张开，然后将胃管（或人用导尿管）涂上润滑油，经胃管穿过开口器上的小孔，缓缓向口腔咽部插入（附图A-22）。当兔有吞咽动作时，趁其吞咽，及时把导管插入食管，并继续插入胃内。

附图 A-21　灌服用药

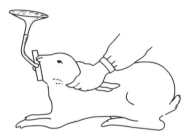

附图 A-22　胃管给服法

【注意事项】 胃管插入正确时，兔不挣扎，无呼吸困难表现；或者将胃管一端插入水中，未见气泡出现，即表明导管已插入胃内，此时将药液灌入。如胃管误入气管，则应迅速拔出重插，否则会造成异物性肺炎。

（2）注射给药

1）皮下注射：主要用于疫苗注射和无刺激性或刺激性较小的药物注射。

【部位】 多在耳部、后颈部皮肤处。

【方法】 注射部位用70%乙醇棉球消毒。用左手拇指和食指捏起皮肤，使成皱褶。右手持针斜向将针头刺入，缓缓注入药液（附图A-23）。注射结束后将针头拔出，用乙醇棉球按压消毒。

【注意事项】 宜用短针头，以防刺入肌肉。如果注射正确，可见局部隆起。

2）肌内注射：适于多种药物，但不适用于强刺激性药物（如氯化钙等）。

【部位】　多可选在臀肌和大腿部肌肉。

【方法】　注射部位用70%乙醇棉球消毒。把针头刺入肌肉，回抽无回血后，缓缓注入药物（附图A-24）。拔出针头，用乙醇棉球按压消毒。

附图 A-23　皮下注射　　　　　　　附图 A-24　大腿内侧肌内注射

【注意事项】　一定要保定好兔只，防止兔子乱动，以免针头在肌肉内移动伤及大血管、神经和骨骼。

3）静脉注射：刺激性强、不宜做皮下或肌内注射的药物，或多用于病情严重时的补液。

【部位】　一般在耳静脉进行。

【方法】　先把刺入部位毛除掉，用70%乙醇棉球消毒，静脉不明显时，可用手指弹击耳壳数下或用酒精反复涂擦刺激静脉处皮肤，直至静脉充血怒张，立即用左手拇指与无名指及小指相对，捏住耳尖部，针头沿着耳静脉刺入，缓缓注射药物（附图A-25）。拔出针头，用乙醇棉球按压注射部位1～2分钟，以免流血。

【注意事项】　一定要排净注射器内的气泡，否则兔只会因栓塞而死。第一次注射先从耳尖的静脉部开始，以免影响以后刺针；油类药剂不能静脉注射；注射钙剂要缓慢；药量多时要加温。

4）腹腔内注射：多在静脉注射困难或家兔心力衰竭进时使用。

【部位】　部位选在脐后部腹底壁、偏腹中线左侧3毫米处。

【方法】　注射部位剪毛后消毒，抬高家兔后躯，对着脊柱方向，针头呈60°刺入腹腔，回抽活塞不见气泡、液体、血液和肠内容物后注药（附图A-26）。刺针不宜过深，以免伤及内脏。怀疑肝脏、肾脏或脾脏肿大时，要特别小心。

附图 A-25　静脉注射　　　　　附图 A-26　腹腔内注射

【注意事项】　注射最好是在兔胃、膀胱空虚时进行。一次补液量为 50～300 毫升，但药液不能有较强刺激性。针头长度一般以 2.5 厘米为宜。药液温度应与兔体温相近。

（3）灌肠　适用于家兔发生便秘、毛球病等，当口服给药效果不好时，可选用灌肠。

【方法】　一人将兔蹲卧在桌上保定，提起尾巴，露出肛门，另一人将橡皮管或人用导尿管涂上凡士林或液状石蜡后，将导管缓缓自肛门插入，深度 7～10 厘米。最后将盛有药液的注射器与导管连接，即可灌注药液（附图 A-27）。灌注后使导管在肛门内停留 3 分钟左右，然后拔出。

附图 A-27　灌肠

【注意事项】　药液温度应接近兔体温。

（4）局部给药

1）点眼：适用于结膜炎症，可将药液滴入眼结膜囊内。如为眼膏，则将药物挤入囊内。眼药水滴入后不要立即松开保定手，否则药液会被

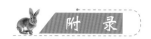

挤压并经鼻泪管开口而流失。点眼的次数一般每隔2~4小时1次。

2）涂擦：将药物的溶液剂和软膏剂涂在皮肤或黏膜上，主要用于皮肤、黏膜的感染及疥癣、毛癣菌等治疗。

3）洗涤：用药物的溶液冲洗皮肤和黏膜，以治疗局部的创伤、感染。如眼膜炎、鼻腔及口腔黏膜的冲洗、皮肤化脓创的冲洗等。常用的有生理盐水和0.1%高锰酸钾溶液等。

3. 用药剂量

家兔常用药物的剂量可参看附录B中介绍的"家兔常用的药物规格、用法剂量及适应症"。对一些新药可参考以下计算方法确定用药剂量。

兔病用药与人病用药有许多相似之处，确定家兔药物用量时和人病用药一样，一般按体重计算。家兔体重是人体重的1/20，理论上说用药量也应该是人用药量的1/20，但家兔是草食动物，实际上口服药物的剂量应适当大一些。如果成年人用药量为1，则家兔口服药量为1/6~1/3。同一药物因投药方法不同，药物被吸收的速度也不同，因此应该用不同的剂量。如果以口服为标准，各种投药方法的剂量比例是：口服为1，灌肠为1.5，皮下注射为1/3~1/2，肌内注射为1/4~1/3，静脉注射为1/4。

附录B　家兔常用的药物规格、用法剂量及适应症

附表 B-1　常用抗生素和其他抗菌药物

药物名称	制剂规格	用法及剂量	防治疾病
青霉素G钾盐	粉针：20万国际单位/支；40万国际单位/支；80万国际单位/支	用注射用水或生理盐水溶解，肌内注射，2万~4万国际单位/kg体重，每天2~3次	葡萄球菌病、乳腺炎、子宫炎、李氏杆菌病、呼吸道炎症及梅毒病等
氨苄青霉素钠	粉针：0.5克/支	用注射用水或生理盐水溶解，肌内注射，2~5毫克/千克体重	巴氏杆菌病、伪结核病、野兔热、大肠杆菌病等

（续）

药物名称	制剂规格	用法及剂量	防治疾病
硫酸链霉素	粉针：0.5克/瓶；1克/瓶	肌内注射，20毫克/千克体重，每天2次	传染性鼻炎、巴氏杆菌病、大肠杆菌病等
硫酸卡那霉素	水针：0.5克/瓶	肌内注射，10~20毫克/千克体重，每天2次	巴氏杆菌病、波氏杆菌病、大肠杆菌病、沙门氏菌病等
硫酸庆大霉素	水针：4万国际单位/毫升；8万国际单位/2毫升	肌内注射，0.3万~0.5万国际单位/千克体重	巴氏杆菌病、沙门氏菌病、波氏杆菌病、葡萄球菌病、大肠杆菌病等
盐酸四环素	粉针：0.25克/支	用5%葡萄糖溶解静脉注射，40毫克/千克体重，每天1次	大肠杆菌病、沙门氏菌病、巴氏杆菌病等
盐酸土霉素（氧四环素）	片剂：0.25克/片	内服，100~200毫克/只，每天2~3次	大肠杆菌病、沙门氏菌病、巴氏杆菌病等
	粉针：0.2克/支	静脉或肌内注射，40毫克/千克体重	
多西环素（脱氧土霉素）	片剂：0.1克/片	内服，3~5毫克/千克体重	葡萄球菌病、波氏杆菌病、沙门氏菌病、大肠杆菌病等
	粉针：0.1克/支；0.2克/支	静脉注射，2~4毫克/千克体重	
盐酸金霉素	片剂：0.25克/片	内服，0.1~0.2克/只，每天2~3次	大肠杆菌病、沙门氏菌病、巴氏杆菌病等
	粉针：0.25克/支	用5%葡萄糖液溶解，静脉注射40毫克/千克体重	
	眼膏	涂敷眼部或患部	

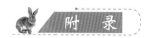

（续）

药物名称	制剂规格	用法及剂量	防治疾病
新胂凡纳明（914）	粉剂：0.15 克/支；0.3 克/支；0.45 克/支；0.6g/支	用灭菌生理盐水或5%葡萄糖液制成5%溶液，耳静脉注射，40～60毫克/千克体重，若配合应用青霉素G效果更好 注意事项：性质不稳定，溶解过程中禁止用力振荡，应缓缓注入静脉里，防止漏出血管外	兔密螺旋体病、附红细胞体病
磺胺嘧啶（SD）	片剂：0.5 克/片	内服，每天2次，首次用量0.2～0.3克/千克体重，维持量0.1～0.5克/千克体重 使用磺胺类药应遵循下列原则：①严格掌握适应症。对病毒性疾病不宜应用。②掌握剂量及疗程，首次使用剂量应加倍，然后间隔一定时间给予维持量，疗程要充足，等急性感染症状消失后，继续用药2～4天。③肝脏病、肾功能减退、全身酸中毒应慎用或禁用。④急重病例应选用针剂。⑤用药期间充分供水，必要时灌水，以增加尿量，促进排出。⑥加等量碳酸氢钠，以防析出结晶损害肾脏。⑦忌与酸性药物和含氨苯甲酰基药物（如普鲁卡因、丁卡因等）合用。⑧磺胺药只有抑菌作用，治疗期间，须加强家兔饲养管理。 不同的磺胺药对病原体的抑制作用有差异，一般抗菌作用依次为：SMM > SMZ > SIZ > SD > SDM > SMD > SM$_2$ > SDM' > SN	巴氏杆菌病、沙门氏菌病、伪结核病、波氏杆菌病、大肠杆菌病、李氏杆菌病、葡萄球菌病、魏氏梭菌病、野兔热等。

附表 B-2　磺胺类、呋喃类及其他药物

药 物 名 称	制剂规格	用法及剂量	防治疾病
磺胺嘧啶钠注射液	针剂：0.4 克/2 毫升；1 克/5 毫升	肌内注射或静脉注射，0.05 克/千克体重	
磺胺噻唑（ST）	片剂：0.5 克/片；1 克/片	内服，每天 3 次，首次用量 0.15～0.2 克/千克体重，维持量 0.07～0.11 克/千克体重	
磺胺二甲嘧啶（SM$_2$）	片剂：0.5 克/片	内服，每天 3 次，首次用量 0.15～0.2 克/千克体重，维持量 0.07～0.11 克/千克体重	对大多数革兰氏阳性菌、阴性菌有抑制作用
	水针：0.5 克/5 毫升；1 克/10 毫升	肌内注射或静脉注射，每天 2 次，首次量 0.1～0.15 克/千克体重，维持量 0.05～0.07 克/千克体重	
磺胺甲基异唑（磺胺甲唑、新明磺）（SMZ）	片剂：0.5 克/片	内服，每天 2 次，首次 0.1 克/千克体重，维持量 0.05 克/千克体重	
复方磺胺甲基异嘌唑（复方新诺明片）	片剂：每片含 TMP 0.08 克 + SMZ 0.4 克	内服，每天 2 次，30 毫克/千克体重	
	针剂：每毫升含 TMP 1.0 克 + SMZ 0.2 克	静脉注射或肌内注射，每天 1 次，10～20 毫升/千克体重	

（续）

药 物 名 称	制剂规格	用法及剂量	防治疾病
磺胺间甲氧嘧啶（长效磺胺 C、制菌磺）（SMM）	片剂：0.5 克/片	内服或拌料每天 1 次，0.07 克/千克体重	
	针剂：1.0 克/10毫升	静脉注射或肌内注射，每天 1 次，0.07 克/千克体重，同类药中抗菌作用最强，对球虫也有较好作用	
复方磺胺间甲氧嘧啶	片剂：每片含 TMP 0.1 克 + SMM 0.5 克	内服，每天 1 次，30毫升/千克体重	
磺胺对甲氧嘧啶（磺胺-5-甲氧嘧啶、长效磺胺 D，磺胺对甲氧嘧啶）（SMD）	片剂：每片含 TMP 0.08 克 + SMD 0.4 克	内服，每天 1 次，首次量 0.05 克/千克体重，维持量 0.025 克/千克体重	对大多数革兰氏阳性菌、阴性菌有抑制作用
复方磺胺对甲氧嘧啶（SMD-TMP）	片剂：每片含 TMP 0.08 克 + SMD 0.4 克	内服，每天 1 次，30毫克/千克体重	
	针剂：10 毫升含 TMP 0.2 克 + SMD 1 克	静脉注射或肌内注射，每天 2 次，20~25 毫克/千克体重	

（续）

药 物 名 称	制剂规格	用法及剂量	防治疾病
磺胺邻二甲氧嘧啶（磺胺多辛、法纳西）（SDM'）	片剂：0.5克/片	内服，每天1次，首次量0.05克/千克体重，维持量0.025克/千克体重	对大多数革兰氏阳性菌、阴性菌有抑制作用
	针剂：10毫升含TMP 0.2克＋SDM 1克	静脉注射或肌内注射，每天2次，15～20毫克/千克体重	
二甲氧苄啶（敌菌净）（DVD）	片剂：0.5克/片	内服，每天2次，10毫克/千克体重，属抗菌增效剂，常与SMZ、SMD、SMM、SMZ和四环素配合使用	肠道感染及兔球虫病
磺胺脒（SC）	片剂：0.5克/片	内服，每天3次，首次量0.3克/千克体重，维持量0.15克/千克体重	大肠杆菌病、腹泻等
琥珀酰磺胺噻唑（SST）	片剂：0.5克/片	内服，每天1～2次，首次量0.14克/千克体重，维持量0.07克/千克体重，作用较SG强，连续使用1周以上，要补充维生素K和维生素B_6	
酞磺噻唑（息拉米）（PSA）	片剂：0.5克/片	内服，每天1～2次，首次量0.14克/千克体重，维持量0.07克/千克体重	

（续）

药 物 名 称	制 剂 规 格	用 法 及 剂 量	防治疾病
磺胺醋酰钠滴眼剂	溶液剂：10%~30%	滴眼	结膜炎、角膜炎等
诺氟沙星（氟哌酸）	片剂，胶囊，预混剂（5%）	内服，每天 2 次，连用 3 ~ 5 天，10 毫克/千克体重	膀胱炎、肠炎、菌病等
恩诺沙星（乙基环丙沙星）	口服剂	口服，每天 2 次，2.5 ~ 5 毫克/千克体重	大肠杆菌病、沙门氏菌病、巴氏杆菌病、链球菌病、葡萄球菌病等
	针剂	肌内注射，每天 2 次，连用 3 天，2.5 ~ 5 毫克/千克体重，必要时停药 2 天后再连用 3 天	

附表 B-3　抗寄生虫药物

药 物 名 称	制 剂 规 格	用 法 及 剂 量	防 治 疾 病
磺胺喹噁林（SQ）	粉剂	在水中混匀饮用，预防量按 0.05% 饮 3 周；治疗量按 0.1% 饮水。本品与二甲氧苄胺嘧啶（DVD）按 4∶1 比例混合，以 0.25 克/千克体重使用，抗球虫效果很好	球虫病
磺胺二甲嘧啶（SM$_2$）	片剂：0.5 克/片	拌入饲料或饮水中，预防量按 0.1% 饲料浓度或 0.2% 饮水浓度连喂 15 ~ 30 天；治疗量按 0.5% 饲料浓度，连喂 7 天，或 100 毫克/千克体重连喂 3 天，停 7 天再使用一疗程。一般用药宜早	

（续）

药 物 名 称	制 剂 规 格	用法及剂量	防 治 疾 病
莫能菌素	预混剂（20%）	按含莫能菌素0.004%～0.005%混入饲料饲喂，从断奶喂至60日龄	
氯苯胍	片剂：0.01克/片 粉剂：预混剂（10%）	预防量每千克饲料加150毫克，从开食到断奶后45天；治疗量按每千克饲料加至300毫克，连喂1～2周，后改用预防量	
球痢灵（二硝苯甲酰胺）	粉剂	内服，50毫克/千克体重，每天2次，连用5天	
杀球灵（Diclazuril，Clinucox）	预混料（0.5%）	每千克饲料添加1毫克，连喂1个月，可控制发病和死亡。应与莫能菌素交替或轮换使用	球虫病
甲基三嗪酮（百球清）	溶液	预防按0.0015%饮水3周；治疗量按0.0025%饮水2天，间隔5天，再用2天。本药是治疗兔球虫病的特效药物	
盐霉素	粉剂	每千克饲料加50毫克，连喂7天左右	
伊维菌素（害获灭，Ivennectin）	粉剂，胶囊	内服，按说明使用	螨病、虱、蚤及线虫病
	针剂	皮下注射，按说明使用	

（续）

药物名称	制剂规格	用法及剂量	防治疾病
敌百虫	结晶粉	外用，1%～2% 温水涂擦患部，7～10 天后重复用药 1 次	螨病、兔虱病等
螨净	油状液体	外用，以 1:500 比例稀释，涂擦患部	
甲苯达唑	片剂：50 毫克/片	内服，每天 1 次，连用 3 天，35 毫克/千克体重	豆状囊尾蚴
枸橼酸哌嗪	片剂：0.5 克/片	内服，每天 1 次，连用 2 天，成年兔每千克饲料 0.5 克，幼兔每千克饲料 0.75 克	蛲虫病
灰黄霉素	片剂：0.1 克/片	内服，预防量每天 10 毫克/千克体重；治疗量，每天 30～50 毫克/千克体重，15 天为一疗程，间隔 5～7 天行第二疗程	皮肤真菌病
	软膏：3%	涂敷患部	
制霉菌素	片剂：25～50 国际单位/片	内服，5 万～20 万国际单位/只，每天 2～3 次	皮肤真菌病
	软膏：10 万国际单位/克	涂敷患部	
咪康唑（达克宁、双氯苯咪唑、霉可唑）	乳剂：2%洗剂：1%	涂敷患部，疗效优于制霉菌素	皮肤真菌病

（续）

药物名称	制剂规格	用法及剂量	防治疾病
鱼肝油	每克含维生素 A850 国际单位，维生素 D85 国际单位	内服，1～2 毫升/只	维生素 A 缺乏症、骨软症、佝偻病等
维生素 AD 注射剂	针剂：0.5 毫升；1.0 毫升；5 毫升；每毫升含维生素 A 5 万国际单位，维生素 D 5000 国际单位	肌内注射，2500～5000 国际单位/只	促进生长发育，治疗维生素 A、D 缺乏症

附表 B-4 维生素及其他药物

药物名称	制剂规格	用法及剂量	防治疾病
维生素 D₂（骨化醇）	胶丸：1 万国际单位/粒	内服，2500～5000 国际单位/只	骨软症、佝偻病及急性低血钙症
	针剂：40 万国际单位/毫升	肌内注射，2500 国际单位/只	
维生素 E	片剂：10 毫克/片	内服，每天 2 次；1 毫升/只	维生素 E 缺乏症、不育症
	针剂：5 毫克/毫升或 50 毫克/毫升	肌内注射，1 毫克/只	
维生素 B₁	片剂：10 毫克/片	内服，1～2 片/只	维生素 B₁ 缺乏症、消化不良
维生素 B₂	片剂：5 毫克/片	内服，2～4 片/只	维生素 B₂ 缺乏症、消化不良
复合维生素	片剂	内服，1 片/只	营养不良、消化障碍、口腔炎、B 族维生素缺乏症
	溶液	内服，1～2 毫升/只	
	针剂	内服，1 毫升/只	

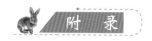

（续）

药物名称	制剂规格	用法及剂量	防治疾病
干酵母	片剂：0.5克/片	内服，1~2片/只	消化不良，预防维生素B缺乏症
维生素C	片剂：50毫克/片；100毫克/片；针剂：100毫克/2毫升；1克/10毫升	内服，0.05~0.18克/只；肌内注射或静脉注射，0.05~0.1克/只	解毒、应激综合征、休克
人工盐	粉剂	内服，助消化1~2克/只；下泻4~6克/只	小剂量内服用于食欲不振、消化不良等。剂量增大有缓泻作用
大黄苏打片	片剂：0.5克/片	内服，1~2片/只	消化不良、便秘等
硫酸钠（芒硝）	无色结晶	内服，成年兔3~5克/只，幼兔1.5~2.5克/只，配成5%溶液口服	消化不良、便秘等
硫酸镁	无色针状结晶		便秘、毛球病等
液状石蜡	无色透明油状液	内服，5~10毫升/只。禁止用本晶作泻药排除胃肠内毒物	便秘、臌气
植物油	豆油、菜籽油、花生油、麻油等	内服，一次量30~50毫升/只。禁止用本晶作泻药排除胃肠内毒物	食滞、毛球病
蓖麻油	浅黄色黏稠液体	内服，成兔10~15毫升，幼兔5~7毫升，加等量水中服	便秘
消胀片（二甲基硅油片）	片剂：每片含二甲基硅油25毫克，氢氧化铝40毫克	内服，1片/只	臌气病

（续）

药物名称	制剂规格	用法及剂量	防治疾病
鞣酸蛋白	浅黄色粉状	内服，2~3克/只	腹泻
矽炭银	片剂：0.5克/片	内服，1~2片/只，宜空腹时灌服	急性胃肠炎、腹泻等
乳酸钙	片剂：0.5克/片	内服，1~4片/只，	软骨症、佝偻病
葡萄糖酸钙注射液	针剂：2克/20毫升，5克/50毫升，10克/100毫升	静脉注射或深部肌内注射，0.2~0.4克/只，静脉注射时速度要缓慢	急性缺钙、胃肠麻痹
复方氨基比林	针剂：1克/2毫升	肌内注射，1~2毫升/只	感冒等热性传染病
硼酸	2%	外用，冲洗	眼炎、鼻炎、乳腺炎、脚皮炎、皮肤脓肿等冲洗
明矾	0.2%		
雷佛奴耳（依沙吖啶）	粉末	外用，配成0.1%溶液冲洗伤口或湿敷感染性创伤	外伤、黏膜、腔道消毒
过氧化氢溶液	含过氧化氢3%	外用，1%~3%清洗创伤和瘘管，0.3%~1%冲洗口腔	深部化脓、瘘管等
高锰酸钾	黑紫色结晶	外用，0.05%~0.1%冲洗黏膜，0.1%~0.2%用于冲洗创伤，以0.1%水溶液作饮水	黏膜、创伤、腔道等
甲紫	2%	外用	黏膜、皮肤外伤口处理
碘酊	2%；5%；10%	外用，手术部位、注射部和皮肤消毒	皮肤消毒，化脓伤口处理

（续）

药物名称	制剂规格	用法及剂量	防治疾病
碘甘油	3%	外用	口腔炎、咽炎、鼻炎
酒精	70%～75%	外用	注射部位、器械消毒
水杨酸	白色结晶	外用，配成5%～10%酒精溶液涂擦患部	毛癣菌病

参 考 文 献

[1] 陈怀涛. 兔病诊治彩色图说 [M]. 北京：中国农业出版社，2004.

[2] 任克良. 兔病诊断与防治原色图谱 [M]. 2版. 北京：金盾出版社，2012.

[3] 王永坤，刘秀梵，符敖齐. 兔病防治 [M]. 2版. 上海：上海科学技术出版社，1990.

[4] 蒋金书. 兔病学 [M]. 北京：北京农业大学出版社，1991.

[5] 任克良. 现代獭兔养殖大全 [M]. 太原：山西科学技术出版社，2002.

[6] 王云峰，王翠兰，崔尚金. 家兔常见病诊断图谱 [M]. 北京：中国农业出版社，2007.

[7] 程相朝，薛帮群，等. 兔病类症鉴别诊断彩色图谱 [M]. 北京：中国农业出版社，2009.

[8] 任克良. 兔场兽医师手册 [M]. 北京：金盾出版社，2008.

[9] 任克良，陈怀涛. 兔病诊疗原色图谱 [M]. 2版. 北京：中国农业出版社，2014.

[10] 谷子林，秦应和，任克良. 中国养兔学 [M]. 北京：中国农业出版社，2013.

　　本书以我国目前獭兔养殖现状为背景，以健康饲养为基本出发点，考虑到广大饲养者的技术需要，吸收畜禽养殖健康饲养技术的一些新成果，融入一些作者养兔的经验，内容包括獭兔的生物学特性、育种与繁殖生产、营养与饲料、兔场建设、健康饲养管理、毛皮加工技术和獭兔疾病防控技术。力求做到内容丰富、技术实用、可操作性强。

　　书号：978 - 7 - 111 - 46602 - 4
　　定价：25 元

　　本书较为全面系统地介绍了高效养兔生产中的主要环节及关键技术，其内容主要包括：绪论、家兔的解剖特点与生物学特性、家兔品种与引进、家兔的繁育技术、家兔的营养需要及饲料配合、家兔的饲养管理、兔舍的建筑与设备、家兔常见病防治等。全书内容丰富翔实，涵盖面广，具有较强的实用性和可操作性。

　　书号：978 - 7 - 111 - 46351 - 1
　　定价：29. 8 元

书 目

书 名	定 价	书 名	定 价
高效养土鸡	29.80	高效养肉牛	29.80
高效养土鸡你问我答	29.80	高效养奶牛	22.80
果园林地生态养鸡	26.80	种草养牛	29.80
高效养蛋鸡	19.90	高效养淡水鱼	25.00
高效养优质肉鸡	19.90	高效池塘养鱼	29.80
果园林地生态养鸡与鸡病防治	20.00	鱼病快速诊断与防治技术	19.80
家庭科学养鸡与鸡病防治	35.00	鱼、泥鳅、蟹、蛙稻田综合种养一本通	29.80
优质鸡健康养殖技术	29.80	高效稻田养小龙虾	29.80
果园林地散养土鸡你问我答	19.80	高效养小龙虾	25.00
鸡病诊治你问我答	22.80	高效养小龙虾你问我答	20.00
鸡病快速诊断与防治技术	29.80	图说稻田养小龙虾关键技术	35.00
鸡病鉴别诊断图谱与安全用药	39.80	高效养泥鳅	16.80
鸡病临床诊断指南	39.80	高效养黄鳝	22.80
肉鸡疾病诊治彩色图谱	49.80	黄鳝高效养殖技术精解与实例	25.00
图说鸡病诊治	35.00	泥鳅高效养殖技术精解与实例	22.80
高效养鹅	29.80	高效养蟹	25.00
鸭鹅病快速诊断与防治技术	25.00	高效养水蛭	29.80
畜禽养殖污染防治新技术	25.00	高效养肉狗	35.00
图说高效养猪	39.80	高效养黄粉虫	29.80
高效养高产母猪	35.00	高效养蛇	29.80
高效养猪与猪病防治	29.80	高效养蜈蚣	16.80
快速养猪	35.00	高效养龟鳖	19.80
猪病快速诊断与防治技术	29.80	蝇蛆高效养殖技术精解与实例	15.00
猪病临床诊治彩色图谱	59.80	高效养蝇蛆你问我答	12.80
猪病诊治160问	25.00	高效养獭兔	25.00
猪病诊治一本通	25.00	高效养兔	29.80
猪场消毒防疫实用技术	25.00	兔病诊治原色图谱	39.80
生物发酵床养猪你问我答	25.00	高效养肉鸽	29.80
高效养猪你问我答	19.90	高效养蝎子	25.00
猪病鉴别诊断图谱与安全用药	39.80	高效养貂	26.80
猪病诊治你问我答	25.00	高效养貉	29.80
图解猪病鉴别诊断与防治	55.00	高效养豪猪	25.00
高效养羊	29.80	图说毛皮动物疾病诊治	29.80
高效养肉羊	35.00	高效养蜂	25.00
肉羊快速育肥与疾病防治	25.00	高效养中蜂	25.00
高效养肉用山羊	25.00	养蜂技术全图解	59.80
种草养羊	29.80	高效养蜂你问我答	19.90
山羊高效养殖与疾病防治	35.00	高效养山鸡	26.80
绒山羊高效养殖与疾病防治	25.00	高效养驴	29.80
羊病综合防治大全	35.00	高效养孔雀	29.80
羊病诊治你问我答	19.80	高效养鹿	35.00
羊病诊治原色图谱	35.00	高效养竹鼠	25.00
羊病临床诊治彩色图谱	59.80	青蛙养殖一本通	25.00
牛羊常见病诊治实用技术	29.80	宠物疾病鉴别诊断	49.80